Hörig, Tafeln $R(p)$ und $Q(p)$

Tafeln $R(p)$ und $Q(p)$

zur Berechnung der Gleitzahlen s_{44}, s_{55}, s_{66}

und der maximalen Tangentialspannungen

aus Drillungsmessungen an Stäben aus rhombischem Stoffe

bei Rechteckquerschnitt

Auch für analoge Berechnung bei Isotropie

Von

Dr. H. Hörig

Technischer Verlag Herbert Cram · Berlin W 35

1957

Gedruckt mit Unterstützung der Deutschen Forschungsgemeinschaft

Printed in Germany
Satz: Walter de Gruyter & Co., Berlin W 35
Druck: Paul Funk, Berlin W 35

Vorwort

Diese Tafeln haben zunächst folgenden Zweck: 1. Berechnung der Gleitzahlen aus gemessenen Verdrehungen dreier Stäbe von rechteckigem Querschnitte bei rhombischem Material — und umgekehrt die Berechnung der Verdrehung solcher Stäbe, falls die Gleitzahlen bekannt sind. 2. Berechnung der bei Drillung der Stäbe in den Mittellinien der Seitenflächen auftretenden Spannungen aus Abmessungen, Gleitzahlen und Drehmomenten. Zu 1. braucht man $R(p)$, zu 2. $Q(p)$. —

In dem für den Ingenieur wichtigen Falle isotroper Stäbe ist selbstverständlich die Bestimmung der Gleitzahl $s_2 = 1/\text{Gleitmodul}$ mit Tafel $R(p)$ sehr einfach möglich, und zwar für jedes beliebige Seitenverhältnis des rechteckigen Querschnitts — und mit weit größerer Genauigkeit als es bisher nach üblichen Unterlagen (Hütte, 28. Aufl. 1955) möglich war. Ebenso umgekehrt genaue Berechnung der Verdrehung bei gegebener Gleitzahl. Gleicherweise bietet bei Benutzung von $Q(p)$ die genaue Berechnung der Spannungen in den Mittellinien für jedes beliebige Seitenverhältnis nicht die geringste Schwierigkeit. —

$R(p)$ und $Q(p)$ entstanden im Anschluß an meine in Anmerkung [5] und [7] notierten Arbeiten. Diese wurden dadurch ausgelöst, daß man im deutschen Schrifttum aus Verdrehungsmessungen an anisotropen quadratischen Stäben (Holz) ,,Gleitmoduln'' nach einer nur für den isotropen Fall geltenden Formel berechnen zu dürfen glaubte und sie als den drei Drillungsachsen zugeordnete Gleitmoduln bezeichnete. Dieser verhängnisvolle Irrtum hätte sich bei Beachtung der klassischen Arbeiten [1], [2] von De Saint-Venant (1856) und von Woldemar Voigt, dessen Kristallphysik seit 1910 vorlag, vermeiden lassen. Man wäre zwar nicht imstande gewesen s_{44}, s_{55}, s_{66} zu berechnen, aber man hätte gewußt, daß die nach der für Isotropie gültigen Formel berechneten Zahlen komplizierte Funktionen der Gleitzahlen, keinesfalls aber Gleitzahlen sind. Vgl. hier Formel (52) oder (6). Hätte man die Kristallphysik von Voigt herangezogen, dann hätte man unschwer korrekte Messungen der drei Gleitzahlen an Stäben von Kreisquerschnitt machen können, bei einfachster Berechnung: (54), (55). Indessen wäre man nicht in der Lage gewesen, ohne Auswertung hyperbolischer Reihen die Verdrehung quadratischer oder rechteckiger Stäbe aus den gemessenen Gleitzahlen zu berechnen — dazu ist $R(p)$ erforderlich. Ähnliches gilt von der Berechnung der Spannungen in den Mittellinien, und damit von der äußerst wichtigen Kenntnis der Gleitungen. Hierzu bedurfte es der tabulierten Funktion $Q(p)$.

Anlaß zu einer Suche nach korrekt gemessenen Gleitzahlen war eigene Beschäftigung mit der Theorie des Flügelresonanzbodens. Die einzigen kristallelastisch richtigen Messungen fand ich bei dem Engländer H. Carrington (1921—23), die ich in [4] einer eingehenden kristallelastischen Analyse unterwarf. Carrington war zu sehr umständlichen Auswertungen seiner sehr sorgfältigen Messungen gezwungen. Für so groß angelegte Messungsreihen an der Fichtenart Spruce wäre meine $R(p)$-Methode und die Benutzung der Tafel $Q(p)$ zur Spannungsberechnung prädestiniert gewesen. Leider konnte er seine Arbeiten nicht fortsetzen, er starb 1934. — Eigene Benutzung der beiden Tafeln führte 1935 in meiner Arbeit [6] zu einer erstmaligen Zusammenstellung der 9 rhombischen s_{hk} für neun verschiedene Hölzer. — Ohne meine Tafeln wäre das unmöglich gewesen.

Der erklärende Text zu den Tafeln ist auf das für die Benutzung Notwendige begrenzt. Weiteres wird in meinem Buche [10] zu finden sein. Ich habe mich um eine Darstellung bemüht, die in jedem Falle volle Klarheit über Lage und Sinn der Spannungen und die Art der auftretenden Gleitungen ermöglicht, was für zweckmäßige Planung und Durchführung der Messungen wünschenswert ist. Zur Erzielung guten Einblicks in das Arbeiten des Iterationsprozesses sind die Zahlenbeispiele mit mehr Stellen gerechnet, als bei praktischer Anwendung nötig sein wird, und die Beispiel-Zahlentafeln sind sorgfältig diskutiert. Bei den Beispielen für Spannungsberechnungen ist in jedem Falle genau ersichtlich, wo die Spannung auftritt. Bei Beachtung der Abbildungen dürfte jeder Zweifel ausgeschlossen sein — damit auch der nicht eingearbeitete Leser sich rasch zurechtfinden kann. Besonderer Wert wurde auf die, praktisch wesentliche Wahl der für Messungen geeigneten Querschnitte gelegt. Wenn diese Ratschläge, besonders bei extrem anisotropen Stoffen, wie sie bei Holz vorkommen, beachtet werden, so wird die Berechnung wenig Mühe machen und die Genauigkeit der Messungen wird dann am größten. Sollten Leser den Text zu theoretisch, bzw. seine Kenntnisnahme, auch bezüglich der Beispiele, zu mühevoll finden, so darf darauf hingewiesen werden, daß die Zeit, welche eine sorgfältige Vorbereitung und Durchführung von Drillungsmessungen erfordert, sicher größer ist als die, welche für gewinnbringende Lektüre der vorliegenden Erläuterungen aufgewendet werden muß.

Betonen möchte ich, daß es bei Messung elastischer Konstanten, insbesondere bei den noch viel zu wenig untersuchten Hölzern, immer notwendig sein wird, sich verschiedener Methoden, sowohl statischer wie dynamischer Art zu bedienen, denn der Vergleich der Resultate wird wertvoll sein (vgl. hierzu meine Methode [8]), aber zweifellos kommt der statischen Drillung von Stäben mit rechteckigem Querschnitte wesentliche Bedeutung zu. Ich hoffe, daß diese Tafeln, deren Genauigkeit vielleicht erst in späterer Zeit Bedürfnis werden wird, dem Ingenieur bei seinen Planungen, dem Physiker bei ernster Sonderarbeit, dem Holzforscher aber bei der Förderung seines schwierigen Gebietes von Nutzen sein wird. — Bei der Berechnung der Tafeln hat meine Frau vielfach sachkundig mitgearbeitet. Der Deutschen Forschungsgemeinschaft gebührt besonderer Dank für gewährte Stipendien, ohne die mir die Herausgabe der Tafeln nicht möglich gewesen wäre.

Celle, den 1. September 1955 H. Hörig

Inhaltsverzeichnis

(Z.T. = Zahlentafel) Seite

I. Zu Tafel $R(p)$

1. Vorbemerkungen

Im Stile der von Woldemar Voigt niedergelegten linearen Elastizitätstheorie anisotroper Körper sind die sechs Deformationsgrößen $x_x \ldots x_y$ linear mit den sechs Spannungskomponenten $X_x \ldots X_y$ verknüpft. Das „s_{hk}-Schema" gibt die Deformationsgrößen als Summen von 6 Produkten der s_{hk} mit der am Kopf der gleichen Spalte stehenden Spannungskomponente, das „c_{hk}-Schema" analog die Spannungskomponenten als Summen der 6 Produkte der c_{hk} mit der am Kopf derselben Spalte stehenden Deformationskomponente. (1) faßt beide Schemata dadurch zusammen, daß in den Feldern nur die von 1 bis 6 laufenden Zeiger h, k eingetragen sind. Die s_{hk} bezeichnete Voigt in seiner Kristallphysik als „Moduln", die c_{hk} nannte er „Elastizitätskonstanten". Physikalisch betrachtet sind die s_{hk} der 3 ersten Zeilen Dehnungszahlen, die der 3 unteren Zeilen Gleitzahlen. Die c_{hk} sind technisch betrachtet analog Dehnungs- und Gleitmoduln.

c_{hk}		x_x	y_y	z_z	y_z	z_x	x_y
	s_{kk}	X_x	Y_y	Z_z	Y_z	Z_x	X_y
$-X_x$	$-x_x$	11	12	13	14	15	16
$-Y_y$	$-y_y$	21	22	23	24	25	26
$-Z_z$	$-z_z$	31	32	33	34	35	36
$-Y_z$	$-y_z$	41	42	43	44	45	46
$-Z_x$	$-z_x$	51	52	53	54	55	56
$-Y_y$	$-x_y$	61	62	63	64	65	66

$$s_{hk} = s_{kh}\,, \quad c_{hk} = c_{kh}$$

$$Y_z = Z_y\,, \quad Z_x = X_z\,, \quad X_y = Y_x$$

$$\left.\begin{aligned} x_x &= \frac{\partial u}{\partial x}\,, & y_z = z_y &= \frac{\partial v}{\partial z} + \frac{\partial w}{\partial y} \\ y_y &= \frac{\partial v}{\partial y}\,, & z_x = x_z &= \frac{\partial w}{\partial x} + \frac{\partial u}{\partial z} \\ z_z &= \frac{\partial w}{\partial z}\,, & x_y = y_x &= \frac{\partial u}{\partial y} + \frac{\partial v}{\partial x} \end{aligned}\right. \qquad (1)$$

u, v, w bedeuten Verrückungen in Richtung x, y, z. Die Symmetriebedingungen für s_{hk}, c_{hk} besagen numerische Gleichheit von Größen, die teils Dehnung, teils Gleitung betreffen, physikalisch also verschieden sind.

Die hier zu behandelnde $R(p)$-Methode zur Berechnung der Gleitzahlen s_{44}, s_{55}, s_{66} aus den Verdrehungsmessungen an 3 Stäben mit beliebigen rechteckigen Querschnitten ist zunächst für den Fall bestimmt, daß der Stoff der Stäbe rhombische Symmetrie im Sinne der Kristallelastizität hat, und daß die Stabachsen mit den elastischen Hauptachsen zusammenfallen. (s_{hk}-Hauptachsenkreuz: Rechtflach unter allseitigem Druck ändert die Kantenwinkel nicht, Tangentialkräfte bewirken keine Volumänderung.) In diesem Falle sind nur die stark umrandeten s_{hk} und c_{hk} von Null verschieden, und dann bestehen die einfachen Beziehungen (2). s_{44}, s_{55}, s_{66} sind stets positiv.

$$\left.\begin{aligned} c_{44}s_{44} &= 1\,, & -y_z &= s_{44}Y_z\,, & -Y_z &= c_{44}y_z = y_z/s_{44} \\ c_{55}s_{55} &= 1\,, & -z_x &= s_{55}Z_x\,, & -Z_x &= c_{55}z_x = z_x/s_{55} \\ c_{66}s_{66} &= 1\,, & -x_y &= s_{66}X_y\,, & -X_y &= c_{66}x_y = x_y/s_{66} \end{aligned}\right\} \qquad (2)$$

Zu Abb. 1: Die Zeiger x, y, z an groß Y, X, Z bedeuten die inneren Normalen des gezeichneten Elementarwürfels. Daher ist z. B. $Z_y = -Z_{-y}$ usw. Der Klarheit halber sind die Spannungskomponenten gleich der Kantenlänge $\partial z \ldots$ gewählt; man kann sie sich entsprechend verlängert denken. Die Tangentialkomponenten $Y_z \ldots$ hat man sich bandförmig und gleichförmig über die Würfelflächen verteilt zu denken, ihre Darstellung als Linie in der Mitte der Würfelflächen ist nur symbolisch. Die Abbildung läßt sofort erkennen, in welchem Sinne die Gleitung erfolgt; die beiden Grundrisse zeigen die Bedeutung der Differentialausdrücke für die Verformungskomponenten. Der Ausdruck „Gleitung um" x ist nur Hilfsausdruck zur Auslösung der physikalischen Vorstellung und hat nichts mit einer Drehung zu tun. Ebenso ist der Gebrauch des Wortes „Gleitachse" zu bewerten. Treten x, y, z als Gleitachsen auf, so handelt es sich um Beanspruchung auf s_{44}, s_{55}, s_{66}.

Gleitung um x

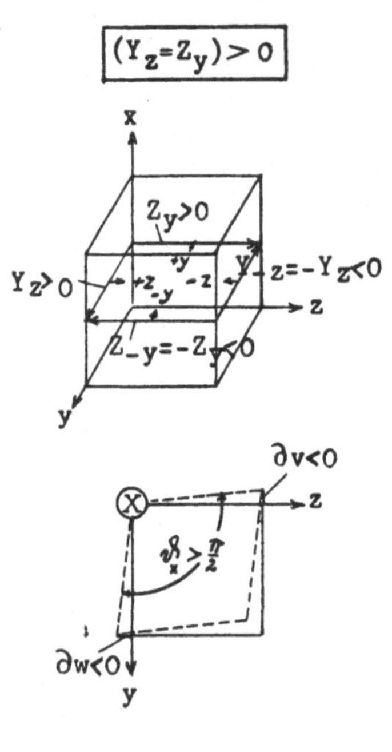

Abb. 1

$$-(y_z = z_y) = -\left(\frac{\partial v}{\delta z} + \frac{\partial w}{\partial y}\right) = -\left(\frac{\pi}{2} - \vartheta_x\right) = s_{44}(Y_z = Z_y)$$

$$\vartheta_x = \frac{\pi}{2} + s_{44}\, Y_z$$

$$\vartheta_x^\circ = 90^\circ + \frac{180^\circ}{\pi} \cdot s_{44}\, Y_z$$

$$\frac{180^\circ}{\pi} = 57{,}295.779.513.1^\circ$$

Achsenwinkel nimmt zu | Achsenwinkel nimmt ab.

Da es sich bei den Deformationsgrößen — siehe Formel auf Abb. 1 — immer um sehr kleine Größen handelt, weil sonst Schema (1) nicht gelten würde und man die beiden partiellen Differentialquotienten durch sehr kleine tg-Werte darstellen kann, so gilt mit weitaus genügender Genauigkeit z. B. tg $(\pi/2 - \vartheta_x) = \pi/2 - \vartheta_x$, und man kann sofort ϑ_x in Gradmaß berechnen, was bei Messungen oft von Wert ist. Bei positivem Y_z wird $\vartheta_z > 90^0$, bei negativem $< 90^0$, wie die Abbildung zeigt. — Der ohne Belastung 90^0 betragende Achsenwinkel des Würfels nimmt dementsprechend zu oder ab. Es ist gut, sich diese Zusammenhänge für das Weitere einzuprägen. Die s_{hk} werden im folgenden in cm²/kg, die Spannungskomponenten in kg/cm² benutzt; Drehmomente in cmkg und alle Längen in cm. Bezüglich der Theorie darf ich auf das erwähnte Buch von mir verweisen.

2. Grundformeln für $R(p)$

Abb. 2 zeigt die 3 unter Wirkung der Drehmomente N_x, N_y, N_z (cmkg) um die Achsen x, y, z zu drillenden Stäbe mit den Halbachsenbezeichnungen, deren Indizes sich immer auf die betreffenden Drillungsachsen beziehen. Das im folgenden ge-

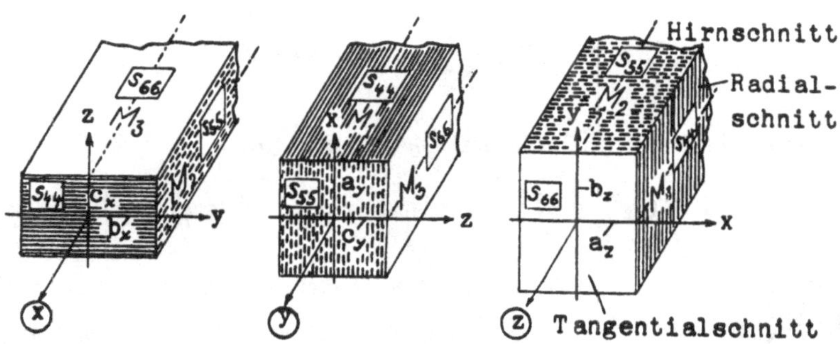

Abb. 2

brauchte Symbol für Drillung um die Achsen x, y, z ist ⓧ, ⓨ, ⓩ, und in diesem Sinne wird kurz vom x-, y- oder z-Stab gesprochen werden. Da es sich um rhombischen Stoff handeln soll, so sind auf die Staboberflächen diejenigen s_{hk} aufgeschrieben, welche bei Gleitung um die zu den betreffenden Flächen senkrechten Achsen in Funktion kommen. Da insonderheit die Bestimmung der Gleitzahlen von Holz in Betracht gezogen wird, so ist die von mir immer gebrauchte Schraffur angebracht, die den Überblick fördert. Bei dem z-Stab ist die Bedeutung der Schraffur — Hirn-, Radial- und Tangentialschnitt — angegeben. Vgl. hierzu [4].

Werden bei Drillung zwei um die Meßlängen L_x, L_y, L_z voneinander entfernte Stabquerschnitte um die in Bogenmaß gemessenen Winkel $\varphi_x, \varphi_y, \varphi_z$ gegeneinander verdreht, so seien folgende Bezeichnungen eingeführt:

$$\text{„Verdrehungen“:} \quad V_x = \frac{\varphi_x}{N_x L_x}, \quad V_y = \frac{\varphi_y}{N_y L_y}, \quad V_z = \frac{\varphi_z}{N_z L_z} \tag{3}$$

$$\text{„Messungsgrößen“:} \quad a_1 = V_x g b_x c_x, \quad b_1 = V_y g c_y a_y, \quad c_1 = V_z g a_z b_z. \tag{4}$$

g ist eine reine Zahl, definiert durch (12).

Der Parameter p, das Tafelargument der Funktionen $R(p)$, $Q(p)$, ist:

$$p_x = \frac{b_x}{c_x}\sqrt{\frac{s_{66}}{s_{55}}}, \quad p_y = \frac{c_y}{a_y}\sqrt{\frac{s_{44}}{s_{66}}}, \quad p_z = \frac{a_z}{b_z}\sqrt{\frac{s_{55}}{s_{44}}}, \quad p_x p_y p_z = \frac{b_x c_y a_z}{c_x a_y b_z} \equiv t \tag{5}$$

Die $R(p)$-Methode hat ihre Wurzel in dem Bestehen der 3 Doppelgleichungen (6), die auf De Saint-Venant zurückgehen. Vgl. [1], [3]. Wenn weiterhin teilweise nur eine Gleichung angegeben wird, so folgen die anderen beiden durch zyklische Vertauschung von a, b, c; x, y, z; 44, 55, 66.

$$\left.\begin{aligned}
V_x &= \frac{s_{66}}{b_x c_x^3 \left(\frac{16}{3} - p_x^{-1} \left(\frac{4}{\pi}\right)^5 \Sigma(p_x) \right)} = \frac{s_{55}}{b_x^3 c_x \left(\frac{16}{3} - p_x \left(\frac{4}{\pi}\right)^5 \Sigma(p_x^{-1}) \right)} \\
V_y &= \frac{s_{44}}{c_y a_y^3 \left(\frac{16}{3} - p_y^{-1} \left(\frac{4}{\pi}\right)^5 \Sigma(p_y) \right)} = \frac{s_{66}}{c_y^3 a_y \left(\frac{16}{3} - p_y \left(\frac{4}{\pi}\right)^5 \Sigma(p_y^{-1}) \right)} \\
V_z &= \frac{s_{55}}{a_z b_z^3 \left(\frac{16}{3} - p_z^{-1} \left(\frac{4}{\pi}\right)^5 \Sigma(p_z) \right)} = \frac{s_{44}}{a_z^3 b_z \left(\frac{16}{3} - p_z \left(\frac{4}{\pi}\right)^5 \Sigma(p_z^{-1}) \right)}
\end{aligned}\right\} \qquad (6)$$

$$\Sigma(p_x) = \sum_0^\infty \frac{1}{(2n+1)^5} \mathfrak{Tg}\left(\frac{(2n+1)\pi}{2} p_x\right) \qquad (7)$$

$$\Sigma(p_x^{-1}) = \sum_0^\infty \frac{1}{(2n+1)^5} \mathfrak{Tg}\left(\frac{(2n+1)\pi}{2} p_x^{-1}\right) \qquad (8)$$

Damit aber bestehen auch die drei Gleichungen (9):

$$k p_x^4 \Sigma(p_x^{-1}) = p_x^3 - p_x + k \Sigma(p_x), \qquad k = \frac{3}{16} \left(\frac{4}{\pi}\right)^5 \qquad (9)$$

Bildet man nun, in Anlehnung an die Theorie der Drillung von Stäben mit elliptischem Querschnitt, die Ausdrücke $\frac{1}{2}(s_{66}/c_x^2 + s_{55}/b_x^2)$ . . , so ergeben sich bei Beachtung von (9) und (5) mit Einführung von $c = \frac{1}{2}\left(\frac{4}{\pi}\right)^5$ die Gleichungen (10) und damit die in (11) definierte Funktion $K(p_x)$.

$$\frac{1}{2}\left(\frac{s_{66}}{c_x^2} + \frac{s_{55}}{b_x^2}\right) = V_x b_x c_x \left(1 + \frac{1}{p_x^2}\right)\left(\frac{8}{3} - \frac{c}{p_x} \Sigma(p_x)\right), \quad c = 1{,}673.094.985.243.3 \qquad (10)$$

$$K(p_x) = \left(1 + \frac{1}{p_x^2}\right)\left(\frac{8}{3} - \frac{c}{p_x} \Sigma(p_x)\right) \qquad (11)$$

Bezeichnet man den Wert, den $K(p)$ für $p = 1$ annimmt, mit g, — die Auswertung ergibt (12), — und definiert man $g/K(p) = R(p)$, wobei dann $p = p_x, p_y$ oder p_z sein kann, so ergeben sich die Gleichungen (13).

$$g = 2{,}249.232.239.43 \qquad (12)$$

$$\left.\begin{aligned}
R(p) &= \frac{g}{K(p)} = \frac{g}{\left(1 + \frac{1}{p^2}\right)\left(\frac{8}{3} - \frac{c}{p} \Sigma(p)\right)}, \\
\Sigma(p) &= \sum_0^\infty \frac{1}{(2n+1)^5} \mathfrak{Tg}\left(\frac{(2n+1)\pi}{2} p\right)
\end{aligned}\right\} \qquad (13)$$

Damit aber kann man die Doppelgleichungen (6) durch (14) und mit (3) durch (15) ersetzen: die Grundlage der $R(p)$-Methode.

$$\left.\begin{aligned} V_x &= \frac{1}{2}\left(\frac{s_{66}}{c_x^2} + \frac{s_{55}}{b_x^2}\right)\frac{R(p_x)}{g b_x c_x} \\ V_y &= \frac{1}{2}\left(\frac{s_{44}}{a_y^2} + \frac{s_{66}}{c_y^2}\right)\frac{R(p_y)}{g c_y a_y} \\ V_z &= \frac{1}{2}\left(\frac{s_{55}}{b_z^2} + \frac{s_{44}}{a_z^2}\right)\frac{R(p_z)}{g a_z b_z} \end{aligned}\right\} \quad (14) \qquad \left.\begin{aligned} a_1 &= \frac{1}{2}\left(\frac{s_{66}}{c_x^2} + \frac{s_{55}}{b_x^2}\right) R(p_x) \\ b_1 &= \frac{1}{2}\left(\frac{s_{44}}{a_y^2} + \frac{s_{66}}{c_y^2}\right) R(p_y) \\ c_1 &= \frac{1}{2}\left(\frac{s_{55}}{b_z^2} + \frac{s_{44}}{a_z^2}\right) R(p_z) \end{aligned}\right\} \quad (15)$$

Die Funktion $R(p)$ hat bei reellem Argument folgende für die Anwendung wichtige Eigenschaften.

$$\left.\begin{aligned} &\text{I. } R(p) = R(1/p) \\ &\text{II. } R(1) = 1 \\ &\text{III. } R(0) = R(\infty) \quad = \frac{3}{8}g = 0{,}843.462.089.79 \\ &\text{IV. } R(p) = R(-p) \end{aligned}\right\} \quad (16)$$

Infolge von I genügt Tabulierung von R zwischen 1 und ∞. Kommt man bei den Rechungen auf $p < 1$, so ersetzt man p durch $1/p$. Man vergleiche hierzu auch das Kurvenblatt. Den Gleichungen (14) kann man noch eine andere, für manche Zwecke wertvolle Form geben; siehe (77), S. 32.

Für große p, bei 10stellig gewünschtem R schon von $p = 10$ ab, läßt sich R sehr einfach nach der Formel (17) berechnen.

$$R(p) = \frac{g}{\left(1 + \frac{1}{p^2}\right)\left(\frac{8}{3} - \frac{c_0}{p}\right)}, \quad c_0 = 1{,}680.663.670.015 \quad (17)$$

Dies hat nicht nur Bedeutung für Werte von p, die das größte Tafelargument überschreiten, sondern, wegen (16) I, auch für die Berechnung von R für p unterhalb 0, 1. Die Genauigkeit ist dann etwas größer, als wenn man die Tafel mit Interpolation benutzt. Über Interpolation beider Tafeln mit Interpolationsschablone vgl. S. 36.

3. Die $R(p)$-Methode

Die $R(p)$-Methode dient der Berechnung der Gleitzahlen aus den Messungsgrößen a_1, b_1, c_1, welche auf Grund der bekannten Querschnittsabmessungen, den Meßlängen L, den beobachteten Drehmomenten N und Verdrehungswinkeln φ vorliegen.

Denkt man sich in (15) die R, die kurz mit R_x, R_y, R_z bezeichnet seien, als zwischen $\frac{3}{8}g$ und 1 liegende bekannte Zahlen, so sind die unbekannten 3 Gleitzahlen s_{kk} durch die Auflösungen (18) der Gleichungen (15) nach s_{44}, s_{55}, s_{66} gegeben. Das System (18) ist der Ausgangspunkt für den Iterationsrechenprozeß.

$$\left.\begin{aligned} s_{44} &= \frac{a_z^2}{b_z^2}\cdot\frac{2b_x^2}{(1+t^2)}\cdot\left(\frac{b_z^2}{b_x^2}\frac{c_1}{R_z} - \frac{a_1}{R_x} + \frac{c_y^2}{c_x^2}\frac{b_1}{R_y}\right) \\ s_{55} &= \frac{b_x^2}{c_x^2}\cdot\frac{2c_y^2}{(1+t^2)}\cdot\left(\frac{c_x^2}{c_y^2}\frac{a_1}{R_x} - \frac{b_1}{R_y} + \frac{a_z^2}{a_y^2}\frac{c_1}{R_z}\right) \\ s_{66} &= \frac{c_y^2}{a_y^2}\cdot\frac{2a_z^2}{(1+t^2)}\cdot\left(\frac{a_y^2}{a_z^2}\frac{b_1}{R_y} - \frac{c_1}{R_z} + \frac{b_z^2}{b_x^2}\frac{a_1}{R_x}\right) \end{aligned}\right\} \quad t^2 = \frac{b_x^2\, c_y^2\, a_z^2}{c_x^2\, a_y^2\, b_z^2} \quad (18)$$

Sind nun die Messungsgrößen a_1, b_1, c_1 auszuwerten, so sind zunächst die richtigen R unbekannt. Man wird aber Näherungswerte für die s_{kk} erhalten, wenn man für einen „Rechnungsgang 0" für die R Zahlen in (18) einsetzt, die nicht größer als 1 und nicht kleiner als $\frac{3}{8}\,g$ sind. Da fast immer R der oberen Grenze näher als der unteren liegt, so beginnt man am besten mit $R_x = R_y = R_z = 1$. Damit bekommt man Näherungswerte s_{440}, s_{550}, s_{660}, mit denen man nach (5) p_{x0}, p_{y0}, p_{z0} berechnen kann, für die man aus der Tafel $R(p_{x0})$, $R(p_{y0})$, $Rp_{z0})$ entnimmt, die kurz mit R_{x0}, R_{y0}, R_{z0} bezeichnet werden sollen.

Mit diesen Werten der R geht man dann erneut in (18) ein und gewinnt im „Rechnungsgang 1" schließlich in derselben Art R_{x1}, R_{y1}, R_{z1}, die im Rechnungsgang 2 wiederum zu R_{x2}, R_{y2}, R_{z2} führen usw.

Diesen Iterationsprozeß setzt man so lange fort, bis die erhaltenen s_{kk} sich innerhalb der in Betracht kommenden Genauigkeitsgrenzen nicht mehr ändern. Man kann den Grad der Richtigkeit der erhaltenen Gleitzahlen dadurch prüfen, daß man die zuletzt erhaltenen s_{kk} und die für sie berechneten R in die Gleichungen (15) oder (14) einsetzt: man muß dann innerhalb gewisser Fehlergrenzen die Messungsgrößen bzw. die Verdrehungen, die vorgelegt wurden, wieder erhalten. Man kann dazu, wie später gezeigt wird, auch die Gleichung (77) benutzen. Über zweckmäßige Anlage der Rechnungen wird unter 4. berichtet.

Die Zahl der nötigen Rechengänge hängt außer von den Werten der s_{kk} wesentlich von den vorliegenden Seitenverhältnissen b_x/c_x usw. ab. Man kommt am raschesten zum Ziel, wenn diese Verhältnisse so gewählt sind, daß die Verdrehungen ein Minimum sind, bei demselben Flächeninhalt des einzelnen Stabquerschnittes. Die Bedingungen dafür sind:

$$p_x = \frac{b_x}{c_x}\sqrt{\frac{s_{66}}{s_{55}}} = 1, \quad p_y = \frac{c_y}{a_y}\sqrt{\frac{s_{44}}{s_{66}}} = 1, \quad p_z = \frac{a_z}{b_z}\sqrt{\frac{s_{55}}{s_{44}}} = 1. \tag{19}$$

Bezeichnet man die 3 Wurzeln mit W_x, W_y, W_z und $b_x c_x = f_x$, $c_y a_y = f_y$, $a_z b_z = f_z$, so ist:

$$(b_x/c_x)_{\min} = 1/W_x\,, \quad (c_y/a_y)_{\min} = 1/W_y\,, \quad (a_z/b_z)_{\min} = 1/W_z\,. \tag{20}$$

Bei gegebenen Werten $f_{x,\,y,\,z}$ hat man daher zur Berechnung der min-Halbseiten die Gleichungen (21), in denen der Index min durch Unterstreichung ersetzt ist: $b_{x\min} = \underline{b}_x$ usw.

$$\left.\begin{array}{l} \underline{c}_x^2 = f_x W_x\,,\ \underline{b}_x = f_x/\underline{c}_x;\ \underline{a}_y^2 = f_y W_y\,,\ \underline{c}_y = f_y/\underline{a}_y;\ \underline{b}_z^2 = f_z W_z\,,\ \underline{a}_z = f_z/\underline{b}_z; \\ \underline{b}_x^2 = f_x/W_x\,,\ \underline{c}_x = f_x/\underline{b}_x;\ \underline{c}_y^2 = f_y/W_y\,,\ \underline{a}_y = f_y/c_y\,,\ \underline{a}_z^2 = f_z/W_z\,,\ \underline{b}_z = f_z/\underline{a}_z. \end{array}\right\} \tag{21}$$

$$\left.\begin{array}{ll} V_{x\min} = \dfrac{s_{66}}{g f_x \underline{c}_x^2} = \dfrac{s_{55}}{g f_x \underline{b}_x^2} = \dfrac{\sqrt{s_{66}\, s_{55}}}{g f_x^2}\,, & a_{1\min} = \dfrac{s_{66}}{\underline{c}_x^2} = \dfrac{s_{55}}{b_x^2} = \dfrac{\sqrt{s_{66}\, s_{55}}}{f_x} \\ V_{y\min} = \dfrac{s_{44}}{g f_y \underline{a}_y^2} = \dfrac{s_{66}}{g f_y \underline{c}_y^2} = \dfrac{\sqrt{s_{44}\, s_{66}}}{g f_y^2}\,, & b_{1\min} = \dfrac{s_{44}}{\underline{a}_y^2} = \dfrac{s_{66}}{\underline{c}_y^2} = \dfrac{\sqrt{s_{44}\, s_{66}}}{f_y} \\ V_{z\min} = \dfrac{s_{55}}{g f_z \underline{b}_z^2} = \dfrac{s_{44}}{g f_z \underline{a}^2} = \dfrac{\sqrt{s_{55}\, s_{44}}}{g f_z^2}\,, & c_{1\min} = \dfrac{s_{55}}{\underline{b}_z^2} = \dfrac{s_{44}}{\underline{a}_z^2} = \dfrac{\sqrt{s_{55}\, s_{44}}}{f_z} \end{array}\right\} \tag{22}$$

Die Gleichungen (22) sind in mehrfacher Hinsicht wertvoll. Wenn man z. B. glaubt, daß die experimentell erhaltenen $V_{x,\,y,\,z}$ nahezu $V_{\min}$ sind, dann läßt sich das prüfen durch Berechnung der s_{kk} nach je zwei der Gleichungen (22), in denen sie auftreten. Liegen die min-Verhältnisse genügend annähernd vor, so muß man ungefähr die gleichen Zahlen erhalten. Theoretisch könnte man die Gleitzahlen ohne Tafelgebrauch dadurch ermitteln, daß man bei festgehaltenem f die Seitenverhältnisse in einer Reihe von Versuchen so lange abänderte, bis man das Minimum der Verdrehungen gefunden hätte. Ist die Größenordnung der zu messenden s_{kk} ungefähr bekannt, so lassen sich nach (21) die Halbseiten der Probestäbe berechnen, und es werden sich dabei Verhältnisse ergeben, die weit günstiger sind, als wenn man diese Gesichtspunkte ignoriert und dann z. B. der unglückliche Fall eintreten kann, daß die Seitenverhältnisse etwa reziprok zu den günstigen sind. Wenn irgend möglich, wird man durch Vorversuche, z. B. an Stäben mit Kreisquerschnitt oder auch quadratischem Querschnitte, die Größe der s_{kk} roh ermitteln. Wenn man mit diesen Zahlen die Querschnitte nach (21) berechnet und damit genaue Messungen macht, so wird man viel Rechenarbeit sparen und außerdem weit bessere Genauigkeit erzielen. Bei Kreisquerschnitten empfiehlt es sich, die Orientierung der elastischen Achsen zu vermerken. Die Berechnung ist höchst einfach, siehe (54) S. 27. Der quadratische Querschnitt, der für die Herstellung bequem ist, erfordert schon etwas mehr Rechnung, und die Genauigkeit ist ungefähr die gleiche wie bei Kreisquerschnitt. Daß man beide Fälle für Vorversuche brauchen kann, beruht darauf, daß bei quadratischem und ebenso bei kreisförmigen Querschnitte der extreme Fall ausgeschaltet ist, daß die Seitenverhältnisse reziprok zu den erwünschten ausfallen. Für den außergewöhnlichen Fall, daß das vorliegende Material zu ungünstiger Querschnittswahl zwingt, sei auf meine graphische $R(p)$-Methode verwiesen, die in meinem Buche genau behandelt wird, und in der Arbeit [7] kurz, aber im Prinzip brauchbar dargestellt wurde.

4. Zahlenbeispiele zur $R(p)$-Methode

Hierzu ist folgendes zu bemerken. Wenn man sich über das Arbeiten dieses Iterationsprozesses orientieren will, um bei der praktischen Anwendung möglichst vorteilhaft vorgehen zu können, so empfiehlt es sich, Beispielrechnungen zu betrachten, bei denen alle Ausgangsgrößen als streng richtig definiert werden. Endet irgendeine dieser Zahlen mit einer kleinen Null (o statt 0), so heißt das, daß unendlich viele Nullen dahinter zu denken sind. Dann ist es berechtigt, sehr hochstellig zu rechnen, was sowohl in Hinblick auf Vermeidung von Abkürzungsfehlern wie in Rücksicht auf besseren Einblick in den Verlauf des Rechenprozesses von Vorteil ist. Das hat nichts damit zu tun, daß bei den tatsächlichen Messungen die Genauigkeit meist recht gering ist und man sich bei den Endergebnissen meist sehr bescheidenen Anforderungen gegenübersehen wird. Bei Maschinenrechnung hat es überdies keinen Zweck, sich von Fall zu Fall zu überlegen, wieviel Stellen vernünftigerweise abgestrichen werden könnten oder sollten — man transportiert ja die Zahlen mit allen erhaltenen Dezimalen aus einem Werk der Maschine in das andere — und es genügt, beim Endergebnis so viele Stellen wegzustreichen, wie man für angemessen hält. Im vorliegenden Falle ist die Genauigkeit der Ergebnisse selbstverständlich Funktion der Stellenzahl in der $R(p)$-Tafel. Bei umfangreichen Rechnungen, die bei ungünstigen Querschnittsverhältnissen erforderlich werden können, werden dem Anfänger die Interpolationsrechnungen lästig sein. Bei Benutzung der auf S. 38 angegebenen Interpolationsschablone lassen sich diese Rechnungen völlig mechanisch durchführen, wobei wieder zu betonen ist, daß es praktisch vorteilhaft ist, z. B. bei dem p, ziemlich hochstellig zu arbeiten und jeder Diskussion, ob man nicht auch mit weniger Stellen auskommen könnte, zu entsagen. Natürlich hängt diese Praxis auch von der Art der zur Verfügung stehenden Rechenmaschine ab.

Beispiel 1 (günstige Querschnitte). Hierzu Zahlentafeln 1 und 2 und Abb. 3.

Das Beispiel soll zeigen, daß man bei günstig gewählten Querschnitten in wenigen Rechengängen die richtigen s_{kk} durch die $R(p)$-Methode erhalten kann. In (23) sind die Zahlen zusammengestellt, die zu denjenigen $V_{x,\,y,\,z}$ und a_1, b_1, c_1 führen, welche den Iterationsrechnungen der Zahlentafel 1 zugrunde liegen. Man kann sich diese Verdrehungen und die Messungsgrößen als das Ergebnis einer Idealmessung denken, bei der dann also die in (23) am Anfang stehenden s_{kk} unbekannt wären. Man kann sich weiter denken, daß die Wahl der Halbseiten, die in (23) angenommen wurden, auf Grund orientierender Vorversuche berechnet wurden. Dabei wäre natürlich auch die genaue Einhaltung der Halbseitenmasse ebenso „ideal". Tatsächlich ist bei Messungen wichtig, diese Abmessungen möglichst genau zu kennen, was praktisch nur durch Angabe von sorgfältig bestimmten Mittelwerten über die ganze Meßlänge zu erzielen ist. — Die in (23) auftretenden Wurzeln sind selbstverständlich nach der bekannten Näherungsmethode mit Maschine berechnet. Die p sind daher mit den streng richtigen Halbseiten mit beliebiger Genauigkeit berechenbar. Im allgemeinen genügt zur Interpolation der R 8stellige Angabe der p weitaus. Für manche theoretische Betrachtungen kann es erwünscht sein, mehr als 8 Stellen zur Verfügung zu haben. In diesem Sinne sind die Angaben von (23) aufzunehmen.

$$\left.\begin{array}{llll}
s_{44} = 0{,}000.061.\mathrm{o}\ \mathrm{cm^2/kg}, & b_x = 1{,}35\mathrm{o.\ cm}, & c_x = 0{,}75\mathrm{o.\ cm}, & f_x = 1{,}012.5\mathrm{o\ cm^2} \\
s_{55} = 0{,}000.215.\mathrm{o}\ \mathrm{cm^2/kg}, & c_y = 0{,}9\mathrm{o\ \ cm}, & a_y = 1{,}\mathrm{o\ \ cm}, & f_y = 0{,}9\mathrm{o\ \ cm^2} \\
s_{66} = 0{,}000.092.9\mathrm{o}\ \mathrm{cm^2/kg}, & a_z = 0{,}84\mathrm{o.\ cm}, & b_z = 1{,}2\mathrm{o\ \ cm}, & f_z = 1{,}008.\mathrm{o\ cm^2} \\
 & b_x/c_x = 1{,}8\mathrm{o} & c_y/a_y = 0{,}9\mathrm{o} & a_z/b_z = 0{,}7\mathrm{o} \\[2ex]
p_x = \dfrac{b_x}{c_x}\sqrt{\dfrac{s_{66}}{s_{55}}} = 1{,}183.208.094.7 & & R_x = 0{,}999.016.197.8 & \\[2ex]
p_y = \dfrac{c_y}{a_y}\sqrt{\dfrac{s_{44}}{s_{66}}} = 0{,}729.288.843.6 & & R_y = 0{,}996.540.009.7 & \\
1/p_y = \quad 1{,}371.198.817.5 & & & \\[2ex]
p_z = \dfrac{a_z}{b_z}\sqrt{\dfrac{s_{55}}{s_{44}}} = 1{,}314.172.431.7 & & R_z = 0{,}997.407.223.6 & \\
V_x = 0{,}000.062.100.057.230. & & a_1 = 0{,}000.141.423.418.926. & \\
V_y = 0{,}000.043.245.242.276. & & b_1 = 0{,}000.087.541.733.816. & \\
V_z = 0{,}000.051.857.540.436. & & c_1 = 0{,}000.117.572.769.021. & \\[2ex]
t = \dfrac{b_x c_y a_z}{c_x a_y b_z} = 1{,}134.\mathrm{o} = p_x p_y p_z, & 1 + t^2 = 2{,}285.956.\mathrm{o} & &
\end{array}\right\} \quad (23)$$

Die in der letzten Zeile von (23) angegebene Gleichung für t ist wertvoll zur Kontrolle der für die p berechneten Zahlen.

Bei Ausführung der Rechnung wie in Zahlentafel*) 1 schreibt man (18) am besten in der Form (24), worin I, II, III für s_{44}, s_{55}, s_{66} verschiedene Ausdrücke sind, die in (25) zusammengestellt sind.

$$\left.\begin{aligned}
s_{44} &= \mathrm{I}_0/R_z - \mathrm{II}_0/R_x + \mathrm{III}_0/R_y \\
s_{55} &= \mathrm{I}_0/R_x - \mathrm{II}_0/R_y + \mathrm{III}_0/R_z \\
s_{66} &= \mathrm{I}_0/R_y - \mathrm{II}_0/R_z + \mathrm{III}_0/R_x
\end{aligned}\right\} \quad (24)$$

*) Weiterhin abgekürzt als Z. T.

s_{kk}	I_0	II_0	III_0	$s_{kk} = I_0 - II_0 + III_0$	
44	$\frac{2a_z^2}{(1+t^2)} c_1$	$\frac{2a_z^2 b_x^2}{b_z^2(1+t^2)} a_1$	$\frac{2a_y^2}{(1+1/t^2)} b_1$	$s_{44\,0} = I_0 - II_0 + III_0$	
55	$\frac{2b_x^2}{(1+t^2)} a_1$	$\frac{2b_x^2 c_y^2}{c_x^2(1+t^2)} b_1$	$\frac{2b_z^2}{(1+1/t^2)} c_1$	$s_{55\,0} = I_0 - II_0 + III_0$	(25)
66	$\frac{2c_y^2}{(1+t^2)} b_1$	$\frac{2c_y^2 a_z^2}{a_y^2(1+t^2)} c_1$	$\frac{2c_x^2}{(1+2/t^2)} a_1$	$s_{66\,0} = I_0 - II_0 + III_0$	

(Etwas ausführlicher könnte man die erste Zahl der I_0-Spalte mit I_{044}, die zweite mit I_{055}, die dritte mit $I_{0\,66}$ bezeichnen.)

Im Rechnungsgang $n = 0$ werden die drei $R = 1$ angenommen, so daß hier die in (25) stehenden 9 Ausdrücke mit den drei mal drei Termen von (24) identisch werden. So ergibt sich nach (25) in Übereinstimmung mit Z.T. 1 z. B. $s_{440} = I_0 - II_0 + III_0$. In allen folgenden Rechengängen sind diese 9 Zahlen I_0, II_0, III_0 durch das zugehörige R zu dividieren, das in dem vorhergehenden Rechengange erzielt wurde (letzte Spalte in Z.T. 1). Dabei ist darauf zu achten, daß in der Spalte der I_0 für die 1., 2., 3. Zeile I_{044}, I_{055}, I_{066} beziehentlich zu dividieren sind durch R_z, R_x, R_y; analog in den Spalten II_0 und III_0 durch R_x, R_y, R_z und R_y, R_z, R_x, wie es das Schema (24) vorschreibt.

Daher steht z. B. in der Überschrift des $n$ten Rechnungsganges in der III_0-Spalte: $III_0 / R_{(n-1),\ y,\ z,\ x} = III_n$. Man hat daher für diese Spalte die erste Zahl der Gruppe $n = 0$, also genauer: $III_{0\,44}$ nach (25) zu dividieren durch $R_{(n-1),\ y}$, die zweite durch $R_{(n-1),\ z}$ und die dritte — das wäre III_{066} in ausführlicher Bezeichnung — durch $R_{(n-1),\ x}$.

Dazu ist noch zu sagen: in der Z.T. 1 sind in der letzten Spalte, mit der Gruppenüberschrift $R_{n,\ x,\ y,\ z}$, die Zahlen von $R_{n,\ x}$, $R_{n,\ y}$, $R_{n,\ z}$ untereinander geschrieben, ebenso ist mit $p_{n,\ x}$, $p_{n,\ y}$ $p_{n,\ z}$ verfahren, aus denen die R nach (5) berechnet sind.

Die Berechnung Z.T. 1 zeigt, daß im 4. Gang erreicht wird:

$$s_{44} = 0{,}000.061.000.000.$$
$$s_{55} = 0{,}000.215.000.000.$$
$$s_{66} = 0{,}000.092.900.000.0$$

Das ist weit mehr als praktisch in Betracht kommt. Würde es sich um eine technische Messung handeln, dann würde man schon nach dem zweiten Gange abbrechen, höchstens zur Sicherheit noch die $s_{kk,\ 3}$ berechnen. Man bemerkt, daß die R_4 bis auf eine Einheit der 10. Stelle bei $R_{4,\ z}$ ebenfalls genau mit den Werten von (23) übereinstimmen, während bei den p_4 die Übereinstimmung etwas geringer ist, was der Tatsache entspricht, daß man im allgemeinen bei p etwa 2 Stellen weniger braucht, als man bei R berechnen will. Das Produkt der drei p_4 ergibt trotzdem die Zahl 1,134.000.000.04, während der Wert von t nach (23) ist: 1,134.o. Sieht man sich Z.T. 1 genau an, so bemerkt man, daß die s_{kk} in den aufeinanderfolgenden Gängen etwas oszillieren. Das liegt im Wesen des Iterationsprozesses und wird bei weiteren Beispielen von Bedeutung werden.

Daß man in diesem Falle so rasch zum Ziele kommt, rührt von der Wahl der Halbachsenverhältnisse her. Berechnet man mit den s_{kk} von (23) die Verhältnisse (20) und mit den gleichen $f_{x,\ y,\ z}$ wie bei (23) die min-Halbachsen nach (21) sowie nach (22) die min-Verdrehungen und min-Messungsgrößen, so gelangt man zu den in (26) zusammengestellten Zahlen. Dazu vergleiche man die Abb. 3. Die min-Größen sind wiederum unterstrichen.

$$\left.\begin{array}{lll} \underline{b}_x/\underline{c}_x = 1{,}521.287.766.8\,, & \underline{c}_y/\underline{a}_y = 1{,}234.078.935.7\,, & \underline{a}_z/\underline{b}_z = 0{,}532.654.606.9 \\ \underline{b}_x = 1{,}241.089.788.3 & \underline{c}_y = 1{,}053.883.789.7 & \underline{a}_z = 0{,}732.745.415.4 \\ \underline{c}_x = 0{,}815.815.269.4 & \underline{a}_y = 0{,}853.984.100.3 & \underline{b}_z = 1{,}375.648.320.5 \\ \underline{V}_x = 0{,}000.061.291.849. & a_1 = 0{,}000.139.582.848. & \\ \underline{V}_y = 0{,}000.041.319.348. & \underline{b}_1 = 0{,}000.083.643.128. & \\ \underline{V}_z = 0{,}000.050.110.505. & \underline{c}_1 = 0{,}000.113.611.846. & \end{array}\right\} \quad (26)$$

Querschnitte nach (23) zu Zahlentafel 1

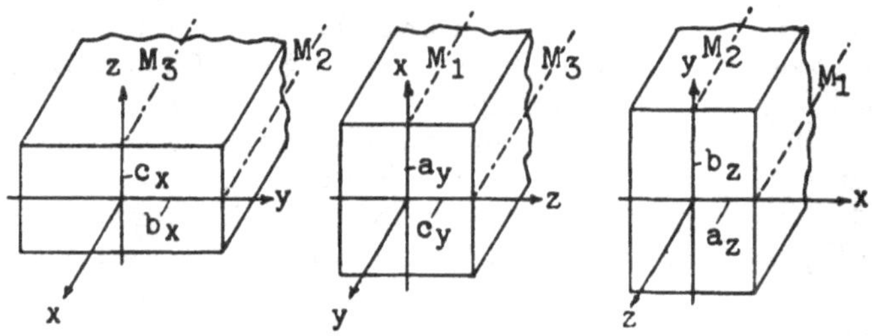

$b_x/c_x = 1{,}8o \qquad c_y/a_y = 0{,}9o \qquad a_z/b_z = 0{,}7o$

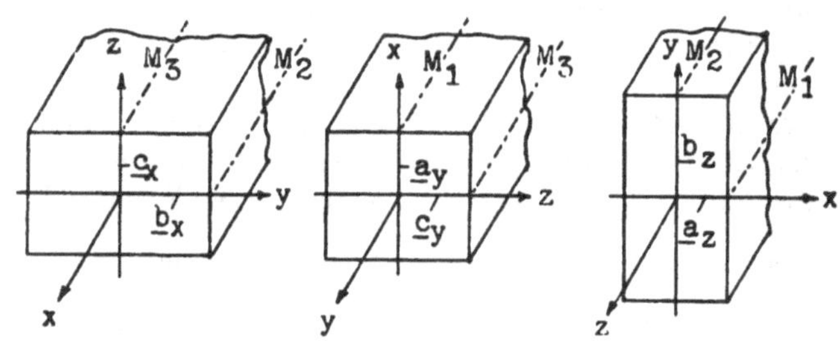

$\underline{b}_x/\underline{c}_x = 1{,}521\ldots \qquad \underline{c}_y/\underline{a}_y = 1{,}234\ldots \qquad \underline{a}_z/\underline{b}_z = 0{,}532\ldots$

min-Querschnitte nach (26)

Abb. 3 zu Beispiel 1

Die Abb. 3 zeigt anschaulich, wie die bei Berechnung in Zahlentafel 1 vorliegenden Querschnitte von den ihnen flächengleichen min-Querschnitten abweichen. Die Flächengleichheit ist nur für den Vergleich der Verdrehungen und Messungsgrößen erwünscht. Z.T. 2 gibt Überblickszahlen. Diese Art Annäherung der bei Messung verwendeten Stabquerschnitte liegt im Bereich dessen, was man praktisch bei geeigneten Vorversuchen zugrunde legen kann, und beleuchtet die Zweckmäßigkeit solchen Vorgehens.

Beispiel 2 (ungünstige Querschnitte). Hierzu Z.T. 3 und Abb. 4.

Es werde angenommen, daß nur die in (27) gegebenen Zahlen vorliegen, die s_{kk} unbekannt sind und die Abmessungen ohne Vorversuche willkürlich gewählt wurden. Im Interesse sauberer Beispielrechnung wird angenommen, daß die Querschnittszahlen streng richtig sind.

$$\left.\begin{array}{llll} b_x = 1{,}2o\,, & c_x = 0{,}9o\,, & f_x = 1{,}08o.\,, & b_x/c_x = 1{,}333.3\ldots \\ c_y = 1{,}9o\,, & a_y = 1{,}24o.\,, & f_y = 2{,}356.o\,, & c_y/a_y = 1{,}532.258.064.5 \\ a_z = 1{,}1o\,, & b_z = 1{,}76o.\,, & f_z = 1{,}936.o\,, & a_z/b_z = 0{,}625.o \\ V_x = 0{,}000.489.085.397. & a_1 = 0{,}001.188.071.973. & & \\ V_y = 0{,}000.012.663.870.3 & b_1 = 0{,}000.067.108.269.7 & & \\ V_z = 0{,}000.138.582.982. & c_1 = 0{,}000.603.461.483. & & \end{array}\right\} \quad (27)$$

Mit diesen Unterlagen sind die neun Zahlen I_0, II_0, III_0 für Z.T. 3 berechnet. Absichtlich sind hier weniger Stellen benutzt worden als in Z.T. 1. Außerdem sind vom zweiten Gang an die Überschriften weggelassen. Bei Gang 1 sind sie zweckmäßig anzubringen, damit man in den 3 ersten Spalten an die richtige Reihenfolge der Zeiger x, y, z erinnert wird. Man werfe zuerst einen Blick auf die Endergebnisse (29) und überblicke die 4. Spalte von Z.T. 3. Man sieht, daß die s_{kk} im Gang 0 sehr erheblich von den Endwerten abweichen und daß die Zahlen der 4. Spalte sich ihrem Grenzwerte oszillierend nähern. Gelegentliche kleine Rechenfehler können dies etwas verschleiern. Rechnet man genügend viele Gänge durch, dann sind diese ,,Schwingungen" schließlich nicht mehr erkennbar — bei der betreffenden gewählten Stellenzahl der Rechnung. In solchem Falle kann man die Ergebnisse des letzten Ganges als definitiv benutzen, wenn man es nicht vorzieht, Mittelwerte aus den 3 letzten Gängen zu bilden.

Sind aber die Schwingungen wie bei der mit dem 12. Gange abgebrochenen Z.T. 3 noch erheblich, dann bildet man am besten in Analogie zu den Schwingungsbeobachtungen bei Wägungen nach (28) ,,Schwingungsmittelwerte".

$$s_{kk} = \frac{1}{2}\left(\frac{1}{2}(s_{kk,\ n-1} + s_{kk.\ n+1}) + s_{kk,\ n}\right) = \frac{1}{2}(S + s_{kk,\ n}) \quad (28)$$

Diese Mittelwertsbildung ist in den beiden letzten Spalten von Z.T. 3 ausgeführt. Bei geringer Genauigkeitsanforderung — z. B. etwa 1% Fehler bei den s_{kk} — könnte die Rechnung schon mit dem 5. Gang beendet werden. Als Auswertung der hier vorgeführten ausführlicheren Rechnung seien hier die abgerundeten Schwingungsmittelwerte, wie sie im 11. Gang notiert sind, betrachtet: (29). Sie sind mit * markiert.

$$\left.\begin{array}{l} s_{kk}^* = 0{,}000.164.1o \\ s_{55}^* = 0{,}003.459.o \\ s_{66}^* = 0{,}000.106.26o. \end{array}\right\} \quad (29)$$

Die Beurteilung ihrer Genauigkeit ist etwas schwierig. Bei größerer Genauigkeitsforderung müßten die Rechnungen noch weiter geführt werden, um bessere Konstanz der s_{kk} zu erzielen bei diesen ungünstig gewählten Querschnitten. Zu verlangen ist, daß die mit (29) nach (14), (15) zurückberechneten Messungsgrößen oder Verdrehungen mit den Ausgangsgrößen von (27) genügend übereinstimmen. Man erhält mit (29) die mit * markierten Zahlen (30) und daraus die in pro mille von $V_{x,\ y,\ z}$ ausgedrückten Differenzen (31)

$$\left.\begin{array}{lll} R_x^* = 0{,}937.926.106. & a_1^* = 0{,}001.188.009.338. & V_y^* = 0{,}000.489.059.612. \\ R_y^* = 0{,}985.762.139. & b_1^* = 0{,}000.067.110.523. & V_y^* = 0{,}000.012.664.296. \\ R_z^* = 0{,}963.742.270. & c_1^* = 0{,}000.603.442.792. & V_z^* = 0{,}000.138.578.690. \end{array}\right\} \quad (30)$$

$$\left.\begin{aligned} V_x - V_x^* &= +\,0{,}000.000.025.785. = +\,0{,}052.7\ ^0/_{00} \text{ von } V_x \\ V_y - V_y^* &= -\,0{,}000.000.000.425.3 = -\,0{,}033.6\ ^0/_{00} \text{ von } V_y \\ V_z - V_z^* &= +\,0{,}000.000.004.283. = +\,0{,}030.9\ ^0/_{00} \text{ von } V_z \end{aligned}\right\} \quad (31)$$

Zu viel ungünstigeren Zahlen führen analoge Rechnungen mit den in Spalte 4 des 5. Ganges erzielten s_{kk}: siehe (32) und (33).

$$\left.\begin{aligned} s_{44,5} &= 0{,}000.163.552. \\ &\quad V_x - V_{x,5} = -\,0{,}000.000.723.043.8 = -\,1{,}478.\ ^0/_{00} \text{ von } V_x \\ s_{55,5} &= 0{,}003.459.760. \\ &\quad V_y - V_{y,5} = -\,0{,}000.000.014.719.4 = -\,1{,}162.\ ^0/_{00} \text{ von } V_y \\ s_{66,5} &= 0{,}000.107.901. \\ &\quad V_z - V_{z,5} = +\,0{,}000.000.043.110.6 = +\,0{,}311.\ ^0/_{00} \text{ von } V_z \end{aligned}\right\} \quad (32)$$

$$\left.\begin{aligned} s_{44,5}/s_{44}^* &= 0{,}996.7\,, & V_x - V_{x,5} &= -\,30{,}40\ (V_x - V_x^*) \\ s_{55,5}/s_{55}^* &= 1{,}000.2\,, & V_y - V_{y,5} &= +\,34{,}61\ (V_y - V_y^*) \\ s_{66,5}/s_{66}^* &= 1{,}015.4\,, & V_z - V_{z,5} &= +\,10{,}06\ (V_z - V_z^*) \end{aligned}\right\} \quad (33)$$

Obwohl s_{kk}^* und $s_{kk,5}$ nur wenig voneinander abweichen, sind die entsprechenden Differenzen $V_x - V_x^* \ldots$ und $V_x - V_{x,5}$ stark verschieden: (33). Beachtlich ist, daß bei Verwendung der Schwingungsmittel für $n = 4$, Bezeichnung sei $\underline{s}_{kk,4}$, sich diese Zahlen schon wesentlich ändern, was den Wert dieser Mittelbildung beleuchtet, siehe (34), (35).

$$\left.\begin{aligned} \underline{s}_{44,4} &= 0{,}000.164.193. \\ &\quad V_x - V_{x,4} = -\,0{,}000.000.163.480. = -\,0{,}334.\ ^0/_{00} \text{ von } V_x \\ \underline{s}_{55,4} &= 0{,}003.459.103. \\ &\quad V_y - V_{y,4} = -\,0{,}000.000.018.464. = -\,1{,}458.\ ^0/_{00} \text{ von } V_y \\ \underline{s}_{66,4} &= 0{,}000.106.703. \\ &\quad V_z - V_{z,4} = -\,0{,}000.000.010.279. = -\,0{,}074.\ ^0/_{00} \text{ von } V_z \end{aligned}\right\} \quad (34)$$

$$\left.\begin{aligned} \underline{s}_{44,4}/s_{44}^* &= 1{,}000.57\,, & V_x - V_{x,4} &= -\,66{,}34\ (V_x - V_x^*) \\ \underline{s}_{55,4}/s_{55}^* &= 1{,}000.03\,, & V_y - V_{y,4} &= +\,43{,}17\ (V_y - V_y^*) \\ \underline{s}_{66,4}/s_{66}^* &= 1{,}004.17\,, & V_z - V_{z,4} &= -\quad 2{,}40\ (V_z - V_z^*) \end{aligned}\right\} \quad (35)$$

Im allgemeinen wird es bei Verdrehungsmessungen nicht leicht sein, die Fehlergrenzen der Verdrehungen und der a_1, b_1, c_1 und damit auch die der 9 Zahlen I_0, II_0, III_0 zu beurteilen. Insbesondere sind die Messungen bei Holz schwierig, u. a. wegen der elastischen Nachwirkungen, ganz abgesehen davon, daß 6 Querschnittsgrößen eingehen, bei denen kleine Fehler sich der Quadrate wegen unangenehm auswirken. Wieweit es daher praktisch Zweck hat, durch Berechnung vieler Gänge genauere s_{kk} zu erhalten, kann nur von Fall zu Fall beurteilt werden. Es ist aber jedenfalls gut, sich mit den rechnerischen Problemen zu konfrontieren. Außerdem gibt es ja auch Stoffe, die große Genauigkeit erreichen lassen.

Die langsame Konvergenz der s_{kk} in Z.T. 3 rührt daher, daß die min-Querschnitte wesentlich anders sind als die hier verwendeten. Man vergleiche hierzu die Abb. 4, die beträchtlich anders ist als die analoge Abb. 3. Zahlenunterlage für die min-Größen der Abb. 4 gibt (36). Zugrunde gelegt sind die Gleitzahlen (29). Die Halbseiten sind dabei für die gleichen Werte $f_{x,\,y,\,z}$ berechnet, wie in (27) angegeben, damit man die Verdrehungen beider Fälle vergleichen kann. Halbseitenzahlen: verkürzt.

$$\left.\begin{array}{lll}
\underline{b}_x = 2{,}482. & \underline{c}_x = 0{,}435. & b_x/\underline{c}_x = 5{,}705.456.203.8 \\
\underline{c}_y = 1{,}377. & \underline{a}_y = 1{,}711. & \underline{c}_y/\underline{a}_y = 0{,}804.693.726.0 \\
\underline{a}_z = 0{,}649. & \underline{b}_z = 2{,}981. & \underline{a}_z/\underline{b}_z = 0{,}217.810.599.1 \\
\underline{V}_x = 0{,}000.231.088.527. & & \underline{a}_1 = 0{,}000.561.353.496. \\
\underline{V}_y = 0{,}000.010.576.801. & & \underline{b}_1 = 0{,}000.056.048.489. \\
\underline{V}_z = 0{,}000.089.368.520. & & \underline{c}_1 = 0{,}000.389.156.437. \\
\text{Mit (27):} & V_x/\underline{V}_x = a_1/\underline{a}_1 = 2{,}116\ldots & \\
 & V_y/\underline{V}_y = b_1/\underline{b}_1 = 1{,}197\ldots & \\
 & V_z/\underline{V}_z = c_1/\underline{c}_1 = 1{,}550\ldots &
\end{array}\right\} \qquad (36)$$

Querschnitte nach (27) zu Zahlentafel 3

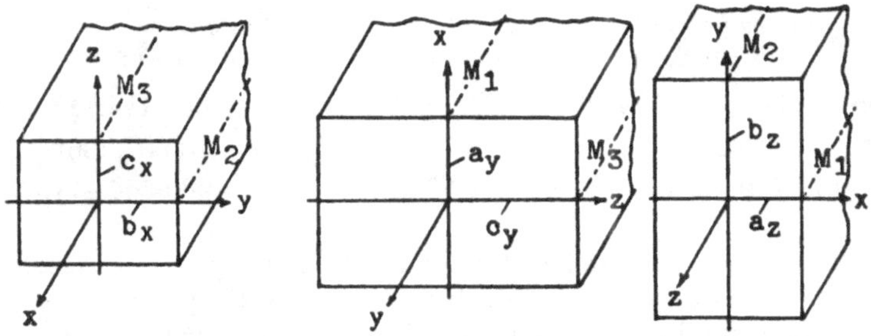

$b_x/c_x = 1{,}333\ldots$ $c_y/a_y = 1{,}532\ldots$ $a_z/b_z = 0{,}625.0$

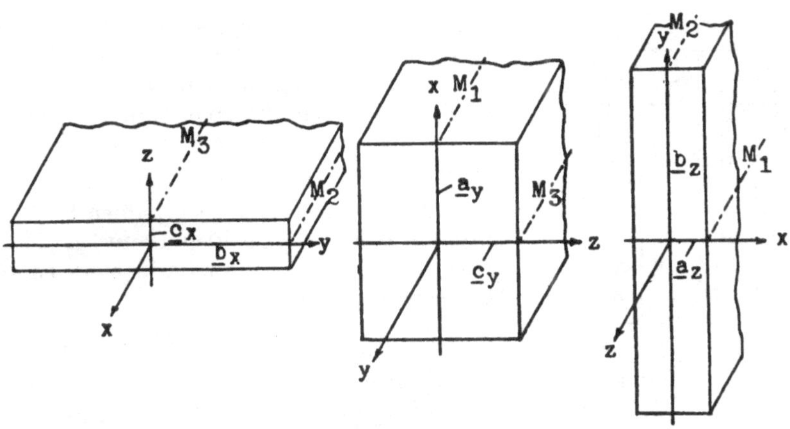

$\underline{b}_x/\underline{c}_x = 5{,}705\ldots$ $\underline{c}_y/\underline{a}_y = 0{,}805\ldots$ $\underline{a}_z/\underline{b}_z = 0{,}217\ldots$

min-Querschnitte nach (36)

Abb. 4 zu Beispiel 2

Die min-Bilder zeigen klar den physikalischen Sinn der Bedingungen (19). Für Drillingsachse x besagt $b_x/c_x = \sqrt{s_{55}}/\sqrt{s_{66}}$, daß die Seitenfläche, auf der die große Gleitzahl s_{55} ins Spiel tritt, schmal sein muß und die, auf der die kleine Gleitzahl s_{66} vorliegt, lang wird. Beim y-Stab tritt das weniger hervor, wohl aber bei dem z-Stab der Abb. 4.

Beispiel 3 (Wirkung einer Querschnittsverbesserung). Hierzu Z.T. 4.

Angenommen, man hätte bei Beispiel 2 nur bis $n = 5$ gerechnet und hätte mit den Schwingungsmittelwerten für $n = 4$ die min-Querschnitte für diese s_{kk} berechnet, so würden sie für die Grundlage einer neuen Messung am gleichen Material durchaus genügen. Würden dann z. B. als neue Querschnitte die in (37) angegebenen gewählt, so würde die Rechnung viel kürzer ausfallen und zu den gleichen Werten führen, die man bei genügender Fortsetzung der Z.T. 3 erhalten würde. Es sei angenommen, daß die s_{kk} von (29), die man natürlich bei Abbruch mit $n = 5$ noch nicht kennt, diejenigen s_{kk} wären, die man nun bei der erneuten Messung mit wenigen Rechengängen erreichen würde — am gleichen Material. Die Verdrehungen und Messungsgrößen der neuen Messung sind in (37) aus den neuen Querschnitten und den uns, aber nicht dem fingierten Beobachter, bekannten s_{kk} von (29) berechnet.

$$\left.\begin{array}{llll}
b_x = 2{,}50 & c_x = 0{,}50 & f_x = 1{,}250. & b_x/c_x = 5{,}0 \\
c_y = 1{,}20 & a_y = 1{,}50 & f_y = 1{,}80 & c_y/a_y = 0{,}80 \\
a_z = 0{,}60 & b_z = 2{,}50 & f_z = 1{,}50 & a_z/b_z = 0{,}240. \\
R_x = 0{,}999.394.360.4 & V_x = 0{,}000.173.905.989. & a_1 = 0{,}000.488.943.697. & \\
R_y = 0{,}999.998.810.2 & V_y = 0{,}000.018.120.359. & b_1 = 0{,}000.073.362.413. & \\
R_z = 0{,}999.672.759.9 & V_z = 0{,}000.149.534.067. & c_1 = 0{,}000.504.471.529. &
\end{array}\right\} \quad (37)$$

Die Z.T. 4 zeigt, daß infolge der jetzt sehr günstigen Querschnitte schon im 2. Gang die richtigen s_{kk} erreicht werden. Da der Rechner sich aber noch im unklaren befindet, so muß er auch noch den 3. Gang vollenden. Da sich dabei die Ergebnisse nicht ändern, so sind sie einwandfrei.

(38)

a_1	b_1	c_1	s_{44}	s_{55}	s_{66}
± 1	0	0	∓ 1	± 1	± 1
0	± 1	0	± 1	∓ 1	± 1
0	0	± 1	± 1	± 1	∓ 1
± 1	± 1	0	0	0	± 2
0	± 1	± 1	± 2	0	0
± 1	0	± 1	0	± 2	0
± 1	∓ 1	0	∓ 2	± 2	0
0	± 1	∓ 1	0	∓ 2	± 2
± 1	0	∓ 1	∓ 2	0	± 2
± 1	± 1	± 1	± 1	± 1	± 1
± 1	± 1	∓ 1	∓ 1	∓ 1	± 3
± 1	∓ 1	± 1	∓ 1	± 3	∓ 1
∓ 1	± 1	± 1	± 3	∓ 1	∓ 1

Man mag das Beispiel 3 etwas extrem finden, denn nicht immer wird eine derartig günstige Wahl der Querschnitte möglich sein, auch aus rein technischen Gründen. Es sollte unterstrichen werden, daß es lohnt, nach einem Vorversuch, sich den min-Querschnitten zu nähern.

Man kann übrigens den Zahlen I_0, II_0, III_0 sofort ansehen, ob eine kleine oder große Zahl von Rechengängen erforderlich sein wird. Im min-Falle gilt streng die Gl. (39):

$$I_{0,\,kk} = II_{0,\,kk} = III_{0,\,kk} = s_{kk} \qquad (39)$$

Je mehr sich also diese 3 Zahlen im Falle s_{44}, s_{55} und s_{66} einander nähern, desto günstiger war die Wahl der Querschnitte. Man vergleiche hierzu Z.T. 1, 3, 4, 5 und 6.

Der Einfluß von Fehlern bei Messung der Verdrehungen ist im Falle der min-Querschnitte leicht zu überblicken, dementsprechend näherungsweise auch allgemein bei „günstigen" Querschnitten. Bei $+\alpha$, $+\beta$, $+\gamma$ % Fehler der a_1, b_1 und c_1 hat man statt $I_0 - II_0 + III_0 = s_{kk}$:

$$1{,}0\alpha \cdot I_0 - 1{,}0\beta \cdot II_0 + 1{,}0\gamma \cdot III_0 \neq s_{kk}\,.$$

Das Täfelchen (38) zeigt für $\alpha = \beta = \gamma = 1$ die Wirkung der in jeder Zeile gleichzeitig bei den Messungsgrößen vorliegenden Fehler auf die drei s_{kk} derselben Zeile. Diese Gesichtspunkte sind wertvoll, wenn z. B. bei einer bestimmten Verdrehung Verdacht unrichtiger Messung besteht und man sich ein ungefähres Bild von der Wirkung des Fehlers machen möchte.

Beispiel 4 (Rechnung bei nachträglich vorgelegten verbesserten Verdrehungswerten V'_x, V'_y, V'_z, anknüpfend an Beispiel 2). Hierzu Z.T. 5.

Falls der Beobachter nachträglich revidierte Verdrehungszahlen V, vorlegt, wird der Rechner die I_0, II_0, III_0 neu berechnen, dann aber nicht wieder mit $R = 1$ beginnen, sondern bei der zweiten Rechnung sofort die R einführen, welche sich aus den Ergebnissen der ersten Rechnung — das sind in diesem Beispielsfalle die s^*_{kk} von (29) — ergaben. Diese R sind in Z.T. 5, oben, mit R^* bezeichnet. Man gewinnt dabei ein Urteil über die Auswirkung der Fehler $a_1 - a'_1$ usw. auf die s_{kk}. Man findet, daß bei so ungünstigen Querschnitten, wie sie in Beispiel 2 vorliegen, geringe Differenzen $a_1 - a'_1$ ... weit größeren Einfluß auf das Resultat haben als in Fällen, die man noch im Sinne von (38) diskutieren kann. Zu dieser Untersuchung sei angenommen, daß sich mit den verbesserten Verdrehungen V' die Werte (40) ergeben würden. Dem hier fingierten Beobachter bzw. dem Rechner, sind natürlich nur die V' bekannt, aber nicht die s'_{kk} von (40), die bei idealer Messung zu den V' führen. Für die theoretische Behandlung sind die s'_{kk} als streng richtige, das Material also ebenso genau definierende Zahlen gewählt, die dem Problem entsprechend sich nur wenig von den in Z.T. 3 erhaltenen Zahlen (29) unterscheiden. An den Querschnitten soll sich von der ersten bis zweiten Verdrehungsangabe nichts geändert haben.

$$\left.\begin{array}{l}\left.\begin{array}{l} s'_{44} = 0{,}000.164.\mathrm{o} \\ s'_{55} = 0{,}003.46\mathrm{o}. \\ s'_{66} = 0{,}000.106.\mathrm{o} \end{array}\right\} \text{führen zu:} \quad \begin{array}{ll} p'_x = 0{,}233.374.617.9 & R'_x = 0{,}937.837.299. \\ p'_y = 1{,}905.903.498.2 & R'_y = 0{,}985.722.274. \\ p'_z = 2{,}870.755.084.7 & R'_z = 0{,}963.714.484. \end{array} \\ \qquad \begin{array}{ll} V'_x = 0{,}000.489.085.397. & a'_1 = 0{,}001.188.071.973. \\ V'_y = 0{,}000.012.651.036. & b'_1 = 0{,}000.067.040.258. \\ V'_z = 0{,}000.138.601.273. & c'_1 = 0{,}000.603.541.129. \end{array}\end{array}\right\} \quad (40)$$

In Z.T. 5 ist das Ergebnis, Schwingungsmittel für $n = 5$, bezeichnet mit $\underline{s}_{kk}$. Diese und die daraus berechneten $\underline{p}$ und $\underline{R}$ sind stark umrandet. Vergleicht man diese Zahlen mit denen von (40), so bekommt man die Verhältniszahlen (41). Sie sind Kriterien für die Güte der revidierten Verdrehungen V' und die Präzision der Rechnung. Der fingierte Rechner würde diese Zahlen natürlich nicht aufstellen können. Er könnte sich nur durch eine Rückberechnung der a'_1, b'_1, c'_1 aus seinen Resultaten $\underline{s}_{kk}$ von deren Richtigkeit überzeugen.

$$\left.\begin{array}{lll} s'_{44}/\underline{s}_{44} = 1{,}000.000.610. & p'_x/\underline{p}_r = 0{,}999.998.2 & R'_x/\underline{R}_z = 0{,}999.999.877. \\ s'_{55}/\underline{s}_{55} = 1{,}000.000.029. & p'_y/\underline{p}_y = 1{,}000.002.1 & R'_y/\underline{R}_y = 0{,}999.999.908. \\ s'_{66}/\underline{s}_{66} = 0{,}999.996.462. & p'_z/\underline{p}_z = 0{,}999.999.7 & R'_z/\underline{R}_x = 1{,}000.000.018. \end{array}\right\} \quad (41)$$

Z.T. 5 zeigt, daß auch hier die Berechnung der Schwingungsmittel vorteilhaft ist. Fragt man nun nach der Wirkung der Abänderung der a_1, b_1, c_1 der Z.T. 3 in die revidierten Werte a'_1, b'_1, c'_1 der Z.T. 5 — ausgedrückt in $^0/_{00}$ von a_1, b_1, c_1 — auf die s_{kk}, die von den Werten (29) der Z. T. 3 in die $\underline{s}_{kk}$ der Z.T. 5 übergehen, so ergibt sich (42).

Statt a_1, b_1, c_1 könnte man mit identischem Erfolg auch die V benutzen. Theoretisch wäre es richtiger, statt der $\underline{s}_{kk}$ die richtigen, aber dem fingierten Beobachter nie bekannt werdenden s'_{kk} einzusetzen. Nach (41) sind die s'_{kk} und $\underline{s}_{kk}$ aber so wenig verschieden, daß sich die $^0/_{00}$-Zahlen nur bei s_{44} um eine Einheit der dritten Dezimale erhöhen, gegenüber dem Wert, den man mit s'_{kk} erhält.

$$\left.\begin{array}{ll} a_1 - a'_1 = 0 & \overset{*}{s}_{44} - \underline{s}_{44} = +\,0{,}610.\,^0/_{00} \text{ von } \overset{*}{s}_{44} \\ b_1 - b'_1 = +\,1{,}013.\,^0/_{00} \text{ von } b_1 & \overset{*}{s}_{55} - \underline{s}_{55} = -\,0{,}289.\,^0/_{00} \text{ von } \overset{*}{s}_{55} \\ c_1 - c'_1 = -\,0{,}132.\,^0/_{00} \text{ von } c_1 & \overset{*}{s}_{66} - \underline{s}_{66} = +\,2{,}447.\,^0/_{00} \text{ von } \overset{*}{s}_{66} \end{array}\right\} \quad (42)$$

Da in Beispiel 2 und 4 dieselben Querschnitte vorliegen, so ist nach (5) in beiden Fällen für die Ergebnisse zu fordern:

$$p_x\, p_y\, p_z = \frac{b_x\, c_y\, a_z}{c_x\, a_y\, b_z} = 1{,}276.881.720.4$$

$$p_x\, p_y\, p_z = f\,(\overset{*}{s}_{kk}) = f\,(\underline{s}_{kk}) = 1{,}276.881.720.4.$$

Es ergibt sich in beiden Fällen genau dieselbe Zahl, was für die Richtigkeit beider Ergebnisse spricht.

Um Mißverständnis zu vermeiden, sei bemerkt, daß die in Beispiel 4 gebrauchten Unterstreichungen nichts mit min-Verhältnissen zu tun haben.

5. $R(p)$-Methode bei quadratischen Querschnitten

Die Halbseiten seien d_x, d_y, d_z. Dann gehen die für rechteckige Querschnitte aufgestellten Formeln in die mit gleicher Nummer, aber mit dem Index $\square$ bezeichneten über.

$$a_1 = V_x g d_x^2\,, \quad b_1 = V_y g d_y^2\,, \quad c_1 = V_z g d_z^2 \qquad (4)_\square$$

$$p_x = \sqrt{\frac{s_{66}}{s_{55}}}\,, \quad p_y = \sqrt{\frac{s_{44}}{s_{66}}}\,, \quad p_z = \sqrt{\frac{s_{55}}{s_{44}}}\,, \quad t = p_x p_y p_z = 1 \qquad (5)_\square$$

$$V_x = \frac{1}{2}(s_{66} + s_{55})\frac{R(p_x)}{g d_x^4}\,, \quad V_y = \frac{1}{2}(s_{44} + s_{66})\frac{R(p_y)}{g d_y^4}\,, \quad V_z = \frac{1}{2}(s_{55} + s_{44})\frac{R(p_z)}{g d_z^4} \qquad (14)_\square$$

$$a_1 = \frac{1}{2}(s_{66} + s_{55})\frac{R_x}{d_x^4}\,, \quad b_1 = \frac{1}{2}(s_{44} + s_{66})\,,\frac{R_y}{d_z^4}\,, \quad c_1 = \frac{1}{2}(s_{55} + s_{44})\frac{R_z}{d_z^4} \qquad (15)_\square$$

$$\left.\begin{aligned} s_{44} &= d_z^2\frac{c_1}{R_z} - d_x^2\frac{a_1}{R_x} + d_y^2\frac{b_1}{R_y} \\ s_{55} &= d_x^2\frac{a_1}{R_x} - d_y^2\frac{b_1}{R_y} + d_z^2\frac{c_1}{R_z} \\ s_{66} &= d_y^2\frac{b_1}{R_y} - d_z^2\frac{c_1}{R_z} + d_x^2\frac{a_1}{R_x} \end{aligned}\right\} \qquad (18)_\square$$

Das Schema (25) geht, wenn man die Bezeichnungen C_0, A_0, B_0 einführt, in $(25)_\square$ über.

s_{kk}	I_0	II_0	III_0	$s_{kk0} = I_0 - II_0 + III_0$
44	$d_z^2 c_1 = C_0$	$d_x^2 a_1 = A_0$	$d_y^2 b_1 = B_0$	$s_{440} = I_0 - II_0 + III_0$
55	$d_x^2 a_1 = A_0$	$d_y^2 b_1 = B_0$	$d_z^2 c_1 = C_0$	$s_{550} = I_0 - II_0 + III_0$
66	$d_y^2 b_1 = B_0$	$d_z^2 c_1 = C_0$	$d_x^2 a_1 = A_0$	$s_{660} = I_0 - II_0 + III_0$

(25)□

Da demnach die Gleichungen (43) bestehen, so läßt sich das $R(p)$-Rechenschema für quadratische Stäbe in die einfache Form (44) bringen.

$$\left.\begin{aligned} I_{044} = II_{066} = III_{055} = d_z^2 c_1 = V_z g d_z^4 = C_0 \\ I_{055} = II_{044} = III_{066} = d_x^2 a_1 = V_x g d_x^4 = A_0 \\ I_{066} = II_{055} = III_{044} = d_y^2 b_1 = V_y g d_y^4 = B_0 \end{aligned}\right\} \quad (43)$$

n	$C_n, A_n, B_n,$	$s_{44,n} = C_n - A_n + B_n$ $s_{55,n} = A_n - B_n + C_n$ $s_{66,n} = B_n - C_n + A_n$	$p_{n,x,y,z}$	$R_{n,x,y,z}$	n
0	C_0 A_0 B_0	$s_{44,0} = C_0 - A_0 + B_0$ $s_{55,0} = A_0 - B_0 + C_0$ $s_{66,0} = B_0 - C_0 + A_0$	$p_{0,x}$ $p_{0,y}$ $p_{0,z}$	$R_{0,x}$ $R_{0,y}$ $R_{0,z}$	0
1	$C_0/R_{0,z} = C_1$ $A_0/R_{0,x} = A_1$ $B_0/R_{0,y} = B_1$	$s_{44,1} = C_1 - A_1 + B_1$ $s_{55,1} = A_1 - B_1 + C_1$ $s_{66,1} = B_1 - C_1 + A_1$	$p_{1,x}$ $p_{1,y}$ $p_{1,z}$	$R_{1,x}$ $R_{1,y}$ $R_{1,z}$	1
2	$C_0/R_{1,z} = C_2$ $A_0/R_{1,x} = A_2$ $B_0/R_{1,y} = B_2$	$s_{44,2} = C_2 - A_2 + B_2$ $s_{55,2} = A_2 - B_2 + C_2$ $s_{66,2} = B_2 - C_2 + A_2$	$p_{2,x}$ $p_{2,y}$ $p_{2,z}$	$R_{2,x}$ $R_{2,y}$ $R_{2,z}$	2

u. s. w. (44)

Beispiel 5 (Quadratischer Querschnitt. Material dasselbe wie bei Beispiel 1). Hierzu Z.T. 6.

$s_{44} = 0{,}000.061.o$ | $p_x = 0{,}657.337.830.4$ | $R_x = 0{,}993.900.131.9$
$s_{55} = 0{,}000.215.o$ führen n. (5)□ zu: $p_y = 0.810.320.937.4$ | $R_y = 0{,}998.462.606.1$
$s_{66} = 0{,}000.092.9o$ | $p_z = 1{,}877.389.188.2$ | $R_z = 0{,}986.368.987.5$

Dann folgt mit $d_x = 1{,}50$, $d_y = 2{,}o$, $d_z = 1{,}8o$:

$V_x = 0{,}000.013.437.643.$ $a_1 = 0{,}000.068.004.856.$
$V_y = 0{,}000.002.134.942.$ $b_1 = 0{,}000.019.207.924.$ und für (44)
$V_z = 0{,}000.005.764.932.$ $c_1 = 0{,}000.042.012.012.$ ergibt sich:

$C_0 = 0{,}000.136.118.920.$ $A_0 = 0{,}000.153.010.925.$ $B_0 = 0{,}000.076.831.698.$ (45)

Es möge nun wieder angenommen werden, daß einem Beobachter nur die V aus seinen Messungen bekannt sind. Die Z.T. 6 gibt die Berechnung der s_{kk} aus den Werten C_0, A_0, B_0. Um in diesem Beispielfalle den Anschluß an das Schema für rechteckige Querschnitte hervortreten zu lassen, ist in Z.T. 6 kein Gebrauch von den Gleichungen (43) gemacht, die zu dem Schema (44) führen, dessen man sich in der Praxis natürlich bedienen wird. — In Z.T. 6 sind die C_0, A_0, B_0 etwas verkürzt.

Für bescheidene Genauigkeitsanforderungen würde man sich nach Z.T. 6 schon mit dem 2. Gang zufrieden geben, den 3. nur zur Bestätigung rechnen. Wenn man aber mehr Stellen haben will, dann zeigt der Vergleich mit Z.T. 1 die Überlegenheit der günstigen, also nicht quadratischen Querschnitte.

Für den Vergleich der bei quadratischem Querschnitt vorliegenden Verdrehung mit dem bei gleichem Querschnittsflächeninhalt erhältlichen min-Verdrehung kann man die Formel (46) benutzen, die im vorliegenden Falle die Zahlen (47) ergibt.

$$V_{x\,\square}/V_{x\,\min} = \frac{1}{2}\left[p_{x\,\square} + \frac{1}{p_{x\,\square}}\right] R(p_{x\,\square}), \ldots \tag{46}$$

$$V_{x\,\square}/V_{x\,\min} = 1{,}083.\,, \quad V_{y\,\square}/V_{y\,\min} = 1{,}021.\,, \quad V_{z\,\square}/V_{z\,\min} = 1{,}189. \tag{47}$$

In Beispiel 5 weichen die quadratischen Querschnitte nicht sehr von den min-Verhältnissen (Abb. 3) ab; daher kommt man in diesem Falle gut zum Ziele. Wenn aber extremere s_{kk} vorliegen, wie bei Beispiel 2 (Abb. 4), so würde man bei quadratischen Querschnitten sehr viele Gänge rechnen müssen. In solchen Fällen ist es ratsam, die ungefähren min-Verhältnisse auf Grund einer vorläufigen Messung an quadratischen Stäben schon aus dem Rechnungsgange 0 zu entnehmen und danach die rechteckigen Querschnitte für die genauen Messungen anzugeben.

Hierzu ein einfaches Beispiel. Es mögen die (dem Beobachter natürlich unbekannten) Zahlen von (40) vorliegen: $s_{44} = 0{,}000.164.\text{o}$, $s_{55} = 0{,}003.46\text{o}$. $s_{66} = 0{,}000.106.\text{o}$, und es sei $d_x = d_y = d_z = 1$ genommen. Dann würde nach $(5)_\square$ und $(14)_\square$ die Messung zu den Zahlen (48) führen, und damit bekäme man nach dem Schema (44) im nullten Gange die $s_{kk\,0}$ von (49).

$$\left.\begin{aligned} A_0 &= V_x g = 0{,}001.640.115.6 \\ B_0 &= V_y g = 0{,}000.134.776.6 \\ C_0 &= V\ g = 0{,}001.691.251.2 \end{aligned}\right\} (48) \quad \left.\begin{aligned} s_{44\,0} &= C_0 - A_0 + B_0 = 0{,}000.185.912.2 \\ s_{55\,0} &= A_0 - B_0 + C_0 = 0{,}003.196.590.2 \\ s_{66\,0} &= B_0 - C_0 + A_0 = 0{,}000.083.661.6 \end{aligned}\right\} (49)$$

Obwohl diese $s_{kk\,0}$ stark von den oben angegebenen abweichen, genügen sie zur Berechnung günstiger Querschnitte. Berechnet man aus (49) die $p_{0,\,x,\,y,\,z}$, so erhält man als angenäherte min-Querschnittsverhältnisse die Zahlen (50), während man aus Abb. 4 die wahren Werte 5,705. , 0,806. , 0,217. kennt.

$$\frac{b_x}{c_x} = \sqrt{\frac{s_{550}}{s_{660}}} = 6{,}182. \quad \frac{c_y}{a_y} = \sqrt{\frac{s_{660}}{s_{440}}} = 0{,}671. \quad \frac{a_z}{b_z} = \sqrt{\frac{s_{440}}{s_{550}}} = 0{,}241. \tag{50}$$

Wenn man — ungefähr — nach (50) dimensioniert, so werden die Rechnungen gut konvergieren, während man bei quadratischen Querschnitten erhebliche Rechenarbeit haben würde.

Wenn gar keine Anhalspunkte für die Größenordnungen der zu messenden s_{kk} vorliegen, dann haben quadratische Querschnitte den Vorteil, daß man vor einer Inversion der min-Verhältnisse sicher ist. Denn nichts ist unverteilhafter als reziproke Werte der min-Verhältnisse.

6. Drillungszahl und Drillungsmodul (im technischen Sinne) bei quadratischem Querschnitte

Nach (3), (14) und (5) besteht (51). Da der Ausdruck in der eckigen Klammer nur Funktion der Materialkonstanten s_{66}, s_{55} ist, so kann man ihn als „Drillingszahl" s_x, seinen reziproken Wert, der mit D_x bezeichnet werde, als „Drillingsmodul" bezeichnen: (52).

$$\varphi_x = V_x N_x L_x = \frac{N_x L_x}{g d_x^4} \left[\frac{s_{66} + s_{55}}{2} R \left(\sqrt{\frac{s_{66}}{s_{55}}} \right) \right] \tag{51}$$

$$s_x = \frac{1}{D_x} = \frac{1}{2} (s_{66} + s_{55}) R \left(\sqrt{\frac{s_{66}}{s_{55}}} \right) \tag{52}$$

Zu betonen ist, daß die Definition einer Drillungszahl und eines Drillungsmoduls bei rechteckigen anisotropen Stäben ausgeschlossen ist, weil sich nach (14) kein Faktor isolieren läßt, der nur von den Gleitzahlen abhängt.

7. Drillungsmessungen bei kreisförmigen Querschnitten

Messungen an anisotropen Stäben mit Kreisquerschnitt sind insbesondere zu rascher Ermittelung angenäherter Werte der s_{kk} von Bedeutung, da man daraus die min-Verhältnisse von Stäben mit Rechteckquerschnitt mit genügender Annäherung berechnen kann. Gegenüber orientierenden Messungen an Stäben mit quadratischem Querschnitt haben die Rundstäbe den Vorzug der außerordentlich einfachen Berechnung der s_{kk}. Außerdem kann es wertvoll sein, daß man bei etwa nicht richtiger Orientierung des Materials nach den Hauptachsen prinzipiell einwandfrei die dann vorliegenden gestrichenen Gleitzahlen (s'_{kk}) erhält, was bei quadratischen Stäben nicht der Fall ist. Ist die Hauptachsenorientierung in den Kreisstäben genau, aber das Material nicht streng rhombisch, dann mißt man hier trotzdem die dem Hauptachsenkreuz entsprechenden „ungestrichenen" Gleitzahlen. Nur ist selbstverständlich, ebenso wie bei quadratischem Querschnitt, bei sehr extremen Anisotropieverhältnissen, d. h. also wenn der Kreisquerschnitt sehr von dem entsprechenden min-Ellipsenquerschnitt abweicht, die erzielbare Genauigkeit gering. Für Vorversuche sind aber Kreisquerschnitte sehr geeignet.

Die Radien der Stäbe seien r_x, r_y, r_z. Bezeichnet man dann mit a_0, b_0, c_0 die Ausdrücke (53), in denen die V die gleiche Bedeutung haben wie in (3), so erhält man die s_{kk} sofort durch (54).

$$a_0 = \frac{\pi}{2} r_x^4 V_x = \frac{s_{66} + s_{55}}{2}, \quad b_0 = \frac{\pi}{2} r_y^4 V_y = \frac{s_{44} + s_{66}}{2}, \quad c_0 = \frac{\pi}{2} r_z^4 V_z = \frac{s_{55} + s_{44}}{2} \tag{53}$$

$$s_{44} = c_0 - a_0 + b_0, \qquad s_{55} = a_0 - b_0 + c_0, \qquad s_{66} = b_0 - c_0 + a_0. \tag{54}$$

Man sieht, daß hier a_0, b_0, c_0 analog (52) die Drillungszahlen, ihre reziproken Werte also die Drillungsmoduln des $_x$-, $_y$-, $_z$-Stabes sind:

$$s_x = \frac{1}{D_x} = \frac{1}{2} (s_{66} + s_{55}), \quad s_y = \frac{1}{D_y} = \frac{1}{2} (s_{44} + s_{66}), \quad s_z = \frac{1}{D_z} \frac{1}{2} (s_{55} + s_{44}) \tag{55}$$

Bezeichnet man übrigens bei Flächengleichheit der Querschnitte mit V_1 die Verdrehung eines Stabes von elliptischem min-Querschnitt, mit V_2 die des rechteckigen min-Stabes, mit V_3 die des Kreisstabes und mit V_4 die des quadratischen, so besteht (56). Wegen mannigfacher Probleme, die sich hier ergeben, sei auf mein Buch verwiesen.

$$V_1 < V_2 < V_3 < V_4. \tag{56}$$

8. $R(p)$ bei Isotropie

Die Tafel $R(p)$ gestattet selbstverständlich auch die Berechnung der Verdrehung isotroper Stäbe von beliebigem rechteckigem Querschnitte — mit großer Genauigkeit — bei bekannter Gleitzahl s_2 und umgekehrt die Berechnung von s_2, bzw. also des Gleitmoduls $G = 1/s_2$, aus der gemessenen Verdrehung.

Es ist hier $s_{44} = s_{55} = s_{66} = s_2$. Entsprechend den Bezeichnungen bei dem anisotropen x-Stabe sei $p = b/c$, so daß (57) gilt.

$$R(p) = R\left(\frac{b}{c}\right) = R\left(\frac{c}{b}\right) \tag{57}$$

Der in Bogenmaß gegebene Verdrehungswinkel sei φ, also in Gradmaß $\varphi^0 = \beta\varphi$, wobei $\beta = 180^0/\pi = 57{,}295.779.513.082.3\ldots$ Führt man für eine zu technischem Gebrauch griffbereite Zusammenstellung die Abkürzungen (58) ein, so gelten (59) und (60).

$$\alpha_1 = \frac{b^2 + c^2}{b^3 c^3}, \quad \alpha_2 = \frac{B^2 + C^2}{B^3 C^3}, \quad B = 2b, \quad C = 2c. \tag{58}$$

$$V = \frac{\varphi}{NL} = s_2 \alpha_1 R(p) \cdot \frac{1}{2g} = s_2 \alpha_2 R(p) \cdot \frac{8}{g}, \tag{59}$$

Mit $\qquad V^0 = \beta V = \varphi^0/NL, \quad R \equiv R(p) \qquad$ folgt

$$s_2 = \frac{V}{\alpha_1 R} \cdot 2g = \frac{V}{\alpha_2 R} \cdot \frac{g}{8} = \frac{V^0}{\alpha_1 R} \cdot \frac{2g}{\beta} = \frac{V^0}{\alpha_2 R} \cdot \frac{g}{8\beta} = \frac{1}{G} \tag{60}$$

$$\left.\begin{array}{ll} 2g = 4{,}498.464.478.86 & 2g/\beta = 0{,}078.513.016.440. \\ 1/2g = 0{,}222.298.076.31 & \beta/2g = 12{,}736.741.566.4 \\ g/8 = 0{,}281.154.029.93 & g/8\beta = 0{,}004.907.063.527.5 \\ 8/g = 3{,}556.769.220.96 & 8\beta/g = 203{,}787.865.063. \end{array}\right\} \text{zu } \boxed{} \tag{61}$$

Bei quadratischem Querschnitte — Halbseite d, $2d = d_1$ — ist $p = 1$, $R = 1$:

$$V_\square = \frac{\varphi}{NL} = \frac{s_2}{d^4} \cdot \frac{1}{g} = \frac{s_2}{d_1^4} \cdot \frac{16}{g} \tag{62}$$

$$s_2 = V_\square d^4 \cdot g = V_\square d_1^4 \cdot \frac{g}{16} = V_\square^0 d^4 \cdot \frac{g}{\beta} = V_\square^0 d_1^4 \cdot \frac{g}{16\beta} = \frac{1}{G} \tag{63}$$

$$\left.\begin{array}{ll} g = 2{,}249.232.239.43 & g/\beta = 0{,}039.256.508.22 \\ 1/g = 0{,}444.596.152.62 & \beta/g = 25{,}473.483.132.9 \\ g/16 = 0{,}140.577.014.96 & g/16\beta = 0{,}002.453.531.763.8 \\ 16/g = 7{,}113.538.441.91 & 16\beta/g = 407{,}575.730.126. \end{array}\right\} \text{zu } \square \tag{64}$$

Bei Flächengleichheit von Rechteck und Quadrat — $bc = d^2$, $4bc = d_1^2 = BC$ — ist:

$$\frac{V_▭}{V_\square} = \frac{1}{2}\left(\frac{b}{c} + \frac{c}{b}\right) \cdot R\left(\frac{b}{c}\right) = \frac{1}{2}\left(\frac{B}{C} + \frac{C}{B}\right) \cdot R\left(\frac{B}{C}\right) \tag{65}$$

Bei Kreisquerschnitt — Radius r, $2r = e$ — hat man:

$$V_\bigcirc = \frac{\varphi}{NL} = \frac{s_2}{r^4} \cdot \frac{2}{\pi} = \frac{s_2}{e^4} \cdot \frac{32}{\pi}, \qquad s_2 = V_\bigcirc r^4 \frac{\pi}{2} = V_\bigcirc e^4 \frac{\pi}{32} = \frac{1}{G} \tag{66}$$

Im Falle der Flächengleichheiten ▭ = ○, □ = ○, also $4bc = r^2\pi$, $d_1^2 = r^2\pi$, ist:

$$\frac{V_▭}{V_\bigcirc} = \left(\frac{b}{c} + \frac{c}{b}\right) R\left(\frac{b}{c}\right) \cdot \frac{4}{\pi g}, \qquad \frac{V_\square}{V_\bigcirc} = \frac{8}{\pi g} \tag{67}$$

$$\left.\begin{array}{ll} 2/\pi = 0{,}636.619.772.367. & 32/\pi = 10{,}185.916.357.881. \\ \pi/2 = 1{,}570.796.326.795. & \pi/32 = 0{,}098.174.770.494.7 \\ 8/\pi g = 1{,}132.154.805.90 & 4/\pi g = 0{,}566.077.402.95 \end{array}\right\} \tag{68}$$

II. Zu Tafel $Q(p)$

1. Vorbemerkungen

Die Tafel $Q(p)$ dient der Berechnung der maximalen Tangentialspannungskomponenten, die in den Mittellinien $M_{1,2,3}$ der Seitenflächen gedrillter Stäbe von rechteckigem Querschnitt auftreten. Hierzu die Abbildungen 5, die durch die eingezeichneten $M_{1,2,3}$ an Abb. 2 anschließen. Man beachte ferner die auf S. 10 gegebenen Erläuterungen zu Abb. 1.

Bei Drillung um x ist in M_3 nur $\pm(X_y = Y_x)_{\max}$, in M_2 nur $\pm(X_z = Z_x)_{\max}$ von Null verschieden. Da es sich hier nur um diese Maximalkomponenten handelt, wird der Index max weggelassen. Die Zeiger 1, 2, 3 an M besagen, daß in M eine Gleitung um x, y, z vorliegt. Die Abbildungen zeigen ferner, in welchem Sinne bei bestimmtem Vorzeichen von N — das im folgenden immer positiv gedacht ist — die Gleitdeformation (ϑ) durch 4 in M vorliegende Komponenten bewirkt wird. Im Falle ⓧ ist nach Abb. 5 also $\pm Y_x$, $\pm X_y$ in M_3, bzw. der unmittelbaren Umgebung von M_3 vorhanden, während man in M_2 die vier Komponenten $\pm X_z$, $\pm Z_x$ hat. Übereinstimmend mit Schema (1) sind diese „inneren" Komponenten als Kräfte pro Flächeneinheit in denjenigen Flächen des als positiver Oktant eingeführten „sehr kleinen" Erläuterungswürfels angreifend zu denken, für welche die Zeiger x, y, z die inneren Normalen der Würfelflächen sind: eingezeichnet bei Abb. 1, welche eine Gleitung um x darlegt. Ist hier z. B. die innere Normale $-y$, so ist $Z_{-y} = -Z_y$, so daß sich bei $Z_y > 0$ ergibt: $(Z_{-y} = -Z_y) < 0$.

Dieses auf Kirchhoff zurückgehende, von Voigt immer benutzte Bezeichnungssystem empfiehlt sich durch Klarheit und Symmetrie. Zur Darstellung komplizierter anisotroper Zusammenhänge ist es schlechterdings unentbehrlich. Man sieht auf Abb. 5 auch sofort, wie z. B. im Falle ⓧ in M_3 bzw. in M_2 die Komponenten $Y_{-x} = -Y_x$ und $Z_{-x} = -Z_x$ zu einem positiven Drehmomente N_x beitragen, das auf die dem Beschauer zugewandte Endfläche des in Abb. 2 sichtbaren x-Stabes wirkt. — Im folgenden wird nur das für den Gebrauch der Tafel Erforderliche angegeben. Ableitungen und weitere Anwendungen wird man in meinem Buche finden.

2. Grundformeln zu $Q(p)$

Mit Beibehaltung der in I. gebrauchten Größen und Bezeichnungen gelten die Gleichungen (69), (70). V nach (3) und (14), p nach (5). Vor die Komponenten sind die M geschrieben, in denen sie auftreten. Hierzu Abb. 5.

(69)		(70)
$M_3\colon\ -X_y = -V_x N_x Q(p_x)\dfrac{c_x}{s_{66}}$	ⓧ	$M_2\colon\ -X_z = +V_x N_x Q\left(\dfrac{1}{p_x}\right)\dfrac{b_x}{s_{55}}$
$M_1\colon\ -Y_z = -V_y N_y Q(p_y)\dfrac{a_y}{s_{44}}$	ⓨ	$M_3\colon\ -Y_x = +V_y N_y Q\left(\dfrac{1}{p_y}\right)\dfrac{c_y}{s_{66}}$
$M_2\colon\ -Z_x = -V_z N_z Q(p_z)\dfrac{b_z}{s_{55}}$	ⓩ	$M_1\colon\ -Z_y = +V_z N_z Q\left(\dfrac{1}{p_z}\right)\dfrac{a_z}{s_{44}}$

Maximale Spannungskomponenten in den Mittellinien M der gedrillten Stäbe ⓧ, ⓨ, ⓩ

Zu Abb. 2, ⓧ

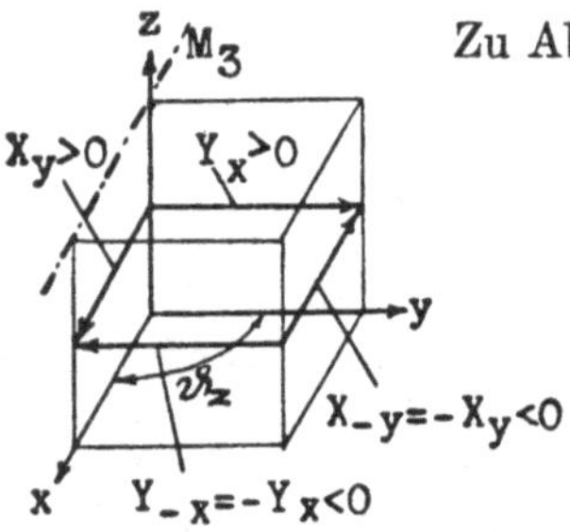

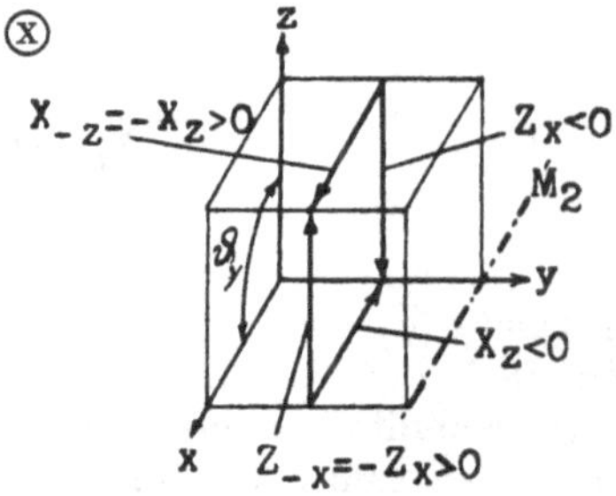

$$-(X_y = Y_x) = -V_x N_x Q(p_x)\,\frac{c_x}{s_{66}} < 0 \qquad -(X_z = Z_x) = +V_x N_x Q\left(\frac{1}{p_x}\right)\frac{b_x}{s_{55}} > 0$$

ⓧ

$$-(x_y = y_x) = s_{66} X_y = \vartheta_z - \frac{\pi}{2},\ \vartheta_z^0 > 90^0 \qquad -(x_z = z_x) = s_{55} Z_x = \vartheta_y - \frac{\pi}{2},\ \vartheta_y^0 < 90^0$$

Zu Abb. 2, ⓨ

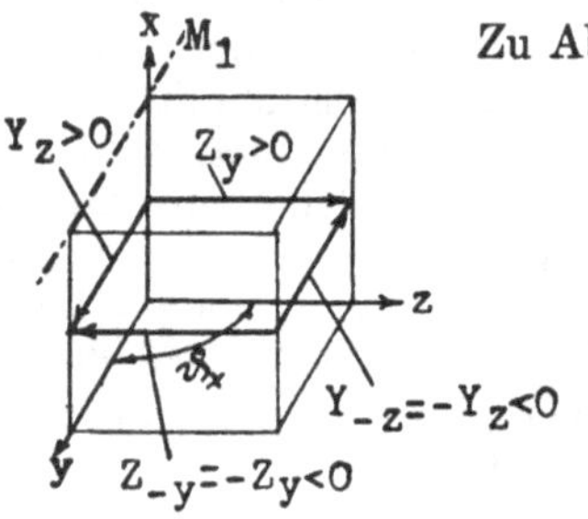

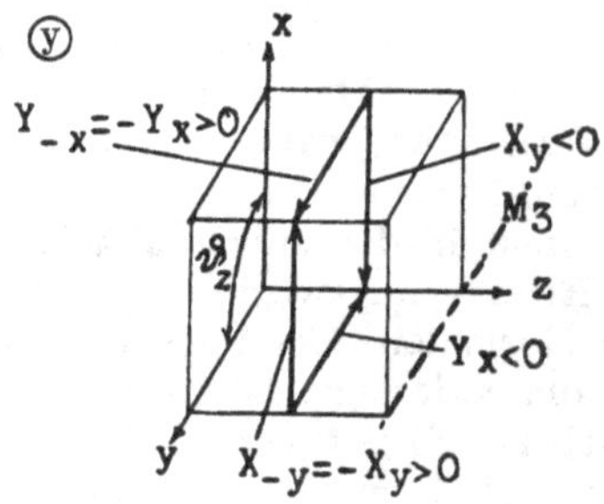

$$-(Y_z = Z_y) = -V_y N_y Q(p_y)\,\frac{a_y}{s_{44}} < 0 \qquad -(Y_x = X_y) = +V_y N_y Q\left(\frac{1}{p_y}\right)\frac{c_y}{s_{66}} > 0$$

ⓨ

$$-(y_z = z_y) = s_{44} Y_z = \vartheta_x - \frac{\pi}{2},\ \vartheta_x^0 > 90^0 \qquad -(y_x = x_y) = s_{66} X_y = \vartheta_z - \frac{\pi}{2},\ \vartheta_z^0 < 90^0$$

Zu Abb. 2, ⓩ

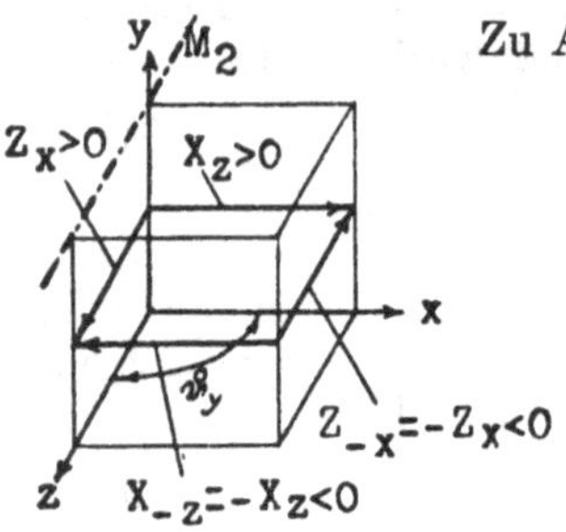

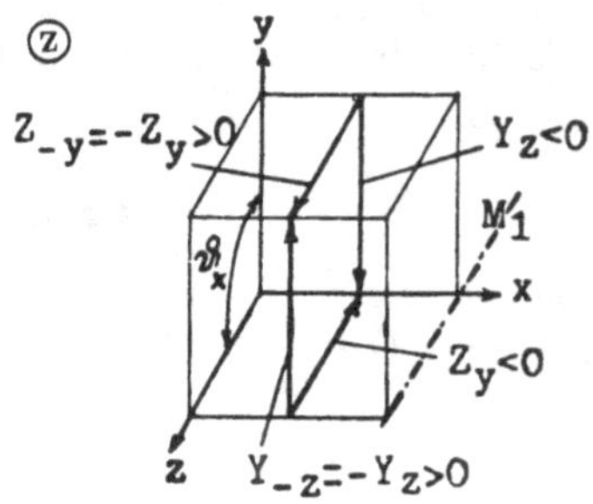

$$-(Z_x = X_z) = -V_z N_z Q(p_z)\,\frac{b_z}{s_{55}} < 0 \qquad -(Z_y = Y_z) = +V_z N_z Q\left(\frac{1}{p_z}\right)\frac{a_z}{s_{44}} > 0$$

ⓩ

$$-(z_x = x_z) = s_{55} Z_x = \vartheta_y - \frac{\pi}{2},\ \vartheta_y^0 > 90^0 \qquad -(z_y = y_z) = s_{44} Y_z = \vartheta_x - \frac{\pi}{2},\ \vartheta_x^0 < 90^0$$

Abb. 5

Im Gegensatz zu $R(p)$ ist hier $Q\left(\frac{1}{p}\right) \neq Q(p)$. Bei Benutzung von (70) ist als Tafelargument $p = 1/p_x, 1/p_y, 1/p_z$ zu nehmen. Für die Funktion $Q(p)$ existieren 2 gleichwertige Ausdrücke, (71) und (72), mit den besonderen Werten (73).

$$Q(p) = 2 + \left(\frac{4}{\pi}\right)^2 \sum_0^\infty \left[\frac{(-1)^{2n+1}}{(2n+1)^2} \cdot \frac{1}{\mathfrak{Cof}\left(\frac{2n+1}{2}\pi p\right)}\right] \tag{71}$$

$$Q(p) = -\left(\frac{4}{\pi}\right)^2 p \sum_0^\infty \left[\frac{(-1)^{n+1}}{(2n+1)^2} \cdot \mathfrak{Tg}\left(\frac{2n+1}{2} \cdot \frac{\pi}{p}\right)\right] \tag{72}$$

$$Q(0) = 0, \quad Q(1) = 1{,}350.628.966.627., \quad Q(\infty) = 2 \tag{73}$$

Die Funktion $Q(p)$ findet sich unter der Bezeichnung γ_0 bzw. γ_1 bei De Saint-Venant. Am Schlusse seiner klassischen Torsionsarbeit von 1856 gibt er eine kleine 5stellige Tabelle, die auch bei Todhunter and Pearson, History of elasticity, Vol. II, 1, 1893 Cambridge, abgedruckt ist. Es handelt sich nur um etwa 30 Werte mit mehreren Rechenfehlern. Näheres über diese Vorgeschichte in meinem Buche.

Für den Ausdruck (72) läßt sich, wie schon De Saint-Venant zeigte, eine stark konvergente Reihenentwicklungg (74) geben, in der B_z nach einer Auswertung des Verfassers die in (75) angegebene Zahl bedeutet.

$$\begin{aligned} Q(p) = \left(\frac{4}{\pi}\right)^2 p \Bigg[& \mathfrak{Tg}\left(\frac{\pi}{2} \cdot \frac{1}{p}\right) - (1 + B_z) + \frac{1}{9}\left(1 - \mathfrak{Tg}\left(\frac{3\pi}{2} \cdot \frac{1}{p}\right)\right) \\ & - \frac{1}{25}\left(1 - \mathfrak{Tg}\left(\frac{5\pi}{2} \cdot \frac{1}{p}\right)\right) + \frac{1}{49}\left(1 - \mathfrak{Tg}\left(\frac{7\pi}{2} \cdot \frac{1}{p}\right)\right) - \frac{1}{81}\left(1 - \mathfrak{Tg}\left(\frac{9\pi}{2} \cdot \frac{1}{p}\right)\right) \\ & + \frac{1}{121}\left(1 - \mathfrak{Tg}\left(\frac{11\pi}{2} \cdot \frac{1}{p}\right)\right) \mp \cdots \Bigg] \end{aligned} \tag{74}$$

$$\begin{aligned} B_z &= \sum_0^\infty \frac{(-1)^{n+1}}{(2n+1)^2} = -0{,}915.965.594.177.24 \\ \left(\frac{4}{\pi}\right)^2 &= 1{,}621.138.938.277.404.34 \ldots \end{aligned} \tag{75}$$

Infolgedessen kann man für kleine Argumente, $p = 0$ bis $0{,}1$, mit großer Genauigkeit (76) benutzen.

$$Q(p) = -B_z \cdot \left(\frac{4}{\pi}\right)^2 \cdot p = + p \cdot 1{,}484.907.490.843.1, \tag{76}$$

denn es ist bereits für $p = 0{,}1$ $\quad \mathfrak{Tg}\left(\frac{\pi}{2} \cdot \frac{1}{p}\right) = 0{,}999.999.999.999.955.$,

während für $p = 0{,}15$ noch $\quad \mathfrak{Tg}\left(\frac{\pi}{2} \cdot \frac{1}{p}\right) = 0{,}999.999.998.48$ . .

Innerhalb der Tafelgenauigkeit kann man bis $p = 0{,}17$ durch Benutzung von (76) sich jede Interpolation sparen, und unterhalb 0,17 steigt die Genauigkeit rasch über die 8 Stellen der Tafel an. Die Entwickelung (74) ist bis etwa $p = 1{,}5$ vorteilhaft, man braucht nur wenige Glieder. Oberhalb 1,5 aber muß man (71) benutzen bei Berechnung der Tafel.

3. Andere Form für (69), (70) und Formeln für die Gleitungen

Sollen aus bekannten s_{kk} für Stäbe mit gegebenen Querschnittsabmessungen die Spannungen und Gleitungen berechnet werden, so empfiehlt sich die Einführung des aus (14) erhältlichen Ausdrucks (77) für die Verdrehung. Es wird hier genügen, unter Verweis auf zyklisches Weiterschieben die Formeln nur für ⓧ anzugeben. (77) kann man auch bei dem $R(p)$-Verfahren zur Kontrolle der Ergebnisse verwenden.

$$V_x = \left(1 + \frac{1}{p_x^2}\right) \frac{R(p_x) s_{66}}{2g\, b_x c_x^3} = (1 + p_x^2) \frac{R(p_x) s_{55}}{2g b_x^3 c_x} \tag{77}$$

Damit bekommt man (78), (79) [analog zu (69), 70)].

(78) ⓧ (79)

$$M_3\colon\ -X_y = -N_x\left(1 + \frac{1}{p_x^2}\right) \frac{R(p_x)Q(p_x)}{2gb_x c_x^2} \qquad M_2\colon\ -X_z = +N_x(1 + p_x^2) \frac{R(p_x)Q\left(\frac{1}{p_x}\right)}{2gb_x^2 c_x}$$

Die Kenntnis der bei (1), (2) definierten Gleitungen (Deformationsgrößen) ist ebenso wichtig wie die der Spannungen. Es ist erwünscht, den Gleitwinkel $(\pi/2 - \vartheta)$ bzw. ϑ selbst — wie in Abb. 1 vorgeführt — zu berechnen. Daher sind diese Größen in Abb. 5 aufgenommen. Hier folgt in (80), (81) Zusammenstellung der mit (69), (70) und mit (77), (78) gebildeten Ausdrücke, bei denen man die Vorzeichen genau beachte.

$$\begin{aligned} M_3\colon\quad -(x_y = y_x) &= -\left(\frac{\partial u}{\partial y} + \frac{\partial v}{\partial x}\right) = -\left(\frac{\pi}{2} - \vartheta_z\right) \\ &= + s_{66}(X_y = Y_x) = + V_x N_x Q(p_x) c_x \\ &= + s_{66} N_x \left(1 + \frac{1}{p_x^2}\right) \frac{R(p_x)\, Q(p_x)}{2gb_x c_x^2} \end{aligned} \tag{80}$$

ⓧ

$$\begin{aligned} M_2\colon\quad -(z_x = x_z) &= -\left(\frac{\partial w}{\partial x} + \frac{\partial u}{\partial z}\right) = -\left(\frac{\pi}{2} - \vartheta_y\right) \\ &= + s_{55}(Z_x = X_z) = - V_x N_x Q\left(\frac{1}{p_x}\right) b_x \\ &= - s_{55} N_x (1 + p_x^2) \frac{R(p_x)\, Q\left(\frac{1}{p_x}\right)}{2gb_x^2 c_x} \end{aligned} \tag{81}$$

Von Interesse ist das Verhältnis der in den beiden Mittellinien vorliegenden Spannungen: (82) sowie das der zugehörigen Gleitungen: (83), denn es ist wichtig zu wissen, in welcher Linie M die größere Spannung oder Gleitung auftritt.

$$\frac{X_y}{X_z} = -\frac{c_x}{b_x} \frac{s_{55}}{s_{66}} \frac{Q(p_x)}{Q\left(\frac{1}{p_x}\right)} \tag{82}$$

$$\frac{x_y}{x_z} = \frac{s_{66} X_y}{s_{55} X_z} = -\frac{c_x}{b_x} \frac{Q(p_x)}{Q\left(\frac{1}{p_x}\right)} \tag{83}$$

4. Spannung und Gleitung im Falle geringster Verdrehung ($V_{\min}$)

Für die bei $R(p)$ mehrfach behandelten Fälle kleinster Verdrehung (Formeln: (19)—(22)) ergeben sich die dabei vorliegenden Spannungen wegen $p = 1$ und damit $R = 1$ zu (84), (85), worin die min-Halbseiten wieder durch Unterstreichen gekennzeichnet sind; ebenso $\underline{V} = V_{\min}$. Von Unterstreichung der Spannungen und Gleitungen wird abgesehen.

$$(84) \qquad \otimes \qquad (85)$$

$$M_3{:}\; -X_y = -\underline{V}_x\, N_x\, \frac{Q(1)\underline{c}_x}{s_{66}} = -N_x \frac{Q(1)}{g\underline{b}_x\underline{c}_x^2} \qquad M_2{:}\; -X_z = +\underline{V}_x\, N_x\, \frac{Q(1)\underline{b}_x}{s_{55}} = +N_x \frac{Q(1)}{g\underline{b}_x^2\underline{c}_x}$$

$Q(1)$: (73), $\qquad Q(1)/g = 0{,}600.484.442.180.$ $\qquad$ Die Gleitungen sind:

$$(86) \qquad \otimes \qquad (87)$$

$$M_3{:}\; -x_y = +s_{66} X_y = +s_{66} N_x \frac{Q(1)}{g\underline{b}_x\underline{c}_x^2} \qquad M_2{:}\; -x_z = +s_{55} X_z = -s_{55} N_x \frac{Q(1)}{g\underline{b}_x^2\underline{c}_x}$$

Die Verhältnisse (82), (83) gehen über in:

$$\frac{X_y}{X_z} = -\frac{\underline{b}_x}{\underline{c}_x} = -\sqrt{\frac{s_{55}}{s_{66}}} \quad (88) \qquad \frac{x_y}{x_z} = +\frac{s_{66} X_y}{s_{55} X_z} = -\frac{\underline{c}_x}{\underline{b}_x} = -\sqrt{\frac{s_{66}}{s_{55}}} \quad (89)$$

Im Falle der min-Querschnitte, aber auch nur bei diesen, verhalten sich also die Spannungen umgekehrt wie die zugehörigen Gleitungen.

5. $Q(p)$ bei Isotropie

Da in der Technik isotropem Material überragende Bedeutung zukommt, so darf darauf aufmerksam gemacht werden, daß der Ingenieur bei Benutzung der $Q(p)$-Tafel ohne weiteres imstande ist, für jeden beliebigen, auch extremen Querschnitt die maximalen Gleitspannungen und die zugehörigen Gleitungen mit weit größerer Genauigkeit zu berechnen, als es die üblichen Angaben bisher gestatteten. — Außerdem wird er sich auf Grund des hier Mitgeteilten ein klares Bild von der Lage der Spannungen und dem Sinn der Gleitungen machen können.

Davon abgesehen ist es aber bei Behandlung anisotroper Stoffe oft erwünscht, entsprechende isotrope Fälle zum Vergleich heranzuziehen. Aus diesem Grunde werden hier die bisher gebrauchten Bezeichnungen für x-, y-, z-Stäbe beibehalten. Dann ist:

$$\text{mit} \quad s_{44} = s_{55} = s_{66} = s_2, \quad p_x = \frac{b_x}{c_x}, \; p_y = \frac{c_y}{a_y}, \; p_z = \frac{a_z}{b_z} \tag{90}$$

$$V_x = \alpha_1 \frac{R(p_x)s_2}{2g} = \left(1 + \frac{1}{p_x^2}\right) \frac{R(p_x)s_2}{2g b_x c_x^3} = (1 + p_x^2) \frac{R(p_x)s_2}{2g b_x^3 c_x}, \quad \alpha_1{:}\ (58), \; 1/2g{:}\ (61) \tag{91}$$

Die Formeln für die Spannungen (69), (70) sind, falls die Verdrehungen vorliegen, mit Einführung von (90) auch im isotropen Falle zu benutzen. Liegen die V nicht vor, dann berechne man die Spannungen nach (78), (79).

Die Gleitungen ergeben sich mit $s_{kk} = s_2$ aus (80), (81). Die Gleichungen (82), (83) vereinfachen sich bei Isotropie zu (92).

$$\frac{X_y}{X_z} = -\frac{c_x}{b_x} \frac{Q(p_x)}{Q\left(\frac{1}{p_x}\right)} = \frac{x_y}{x_z} \tag{92}$$

Die geringste Verdrehung des isotropen Stabes liegt bei quadratischem Querschnitt ($b_x = c_x = d_x \ldots$) vor. Dann wird mit $p = 1$:

$$\left.\begin{aligned} -X_y &= -\frac{N_x}{d_x^3}\frac{Q(1)}{g}, & -X_z &= +\frac{N_x}{d_x^3}\frac{Q(1)}{g}, \\ -x_y &= +s_2\frac{N_x}{d_x^3}\frac{Q(1)}{g}, & -x_z &= -s_2\frac{N_x}{d_x^3}\frac{Q(1)}{g}, \end{aligned} \quad \frac{X_y}{X_z} = -1 = \frac{x_y}{x_z} \right\} \tag{93}$$

$Q(1)/g$ siehe (84).

6. Zahlenbeispiele zu $Q(p)$

In den Beispielzahlentafeln 7 bis 13 sind hinter den berechneten Zahlen die Nummern der für die Berechnung in Frage kommenden Gleichungen notiert. Bei den Spannungen und Gleitungen wurden die Mittellinien M angegeben, in denen sie auftreten. Außerdem ist vor die Formelnummer ein l. oder k. gesetzt, je nachdem die M-Linie die lange oder kurze Querschnittsseite kreuzt (kontrollierbar an den Abbildungen). Z.T. 8—10 beziehen sich auf das im $R(p)$-Teil durchgerechnete Beispiel 1 (Abb. 3), Z. T. 11—13 bieten in gleicher Weise Ergänzung zu Beispiel 2 (Abb. 4). Z.T. 7 gibt ein allgemeines, absichtlich etwas extrem gewähltes Beispiel. Bei Betrachtung dieser Tafeln beachte man:

Im isotropen Falle ist die Größe der Spannungen ausschließlich durch Drehmoment und Querschnittsabmessung bestimmt; Grund: wegen $s_{44} = s_{55} = s_{66} = s_2$ treten in p nur Seitenverhältnisse, keine Gleitzahlen auf. Im anisotropen Falle dagegen hängen die Spannungen immer von zwei der s_{kk} ab, was die Verhältnisse wesentlich beeinflussen kann. Bei den Gleitungen ist im anisotropen Falle der Gleitzahlfaktor in den beiden M verschieden, manchmal sehr stark, während bei Isotropie immer das gleiche s_2 vorliegt. Die Zahlentafeln ermöglichen klaren Überblick, besonders bei Heranziehen von Abb. 1 und 5. Anisotrope Zusammenhänge werden erst dann klar, wenn man die Formeln auch zahlenmäßig durchrechnet.

Zu Zahlentafel 7

Für einen ⓧ-Stab ist hier $b = 3{,}2o$, $c = 1{,}o$ gewählt. Die Stäbe A und B unterscheiden sich nur dadurch, daß die Zahlenwerte von s_{66} und s_{55} vertauscht sind, was als markanter Wechsel des Materials zu denken ist. Außerdem ist zum Vergleich ein isotroper Stab von gleichem Querschnitt betrachtet, bei dem s_2 einmal $= s_{66A}$, das andere Mal $= s_{66B}$ angenommen wird. Das ist willkürlich, aber hier interessant.

Die erste Zahlengruppe von Z.T. 7 zeigt die großen Unterschiede der drei Stäbe. Daß trotzdem in Fall B und dem isotropen Fall mit $s_2 = s_{66B}$ die Verdrehung, grob betrachtet, von gleicher Größenordnung ist, beruht darauf, daß bei Stab B s_{66} wesentlich größer als s_{55} ist. Das sieht man auch an den für die Meßlänge $L = 1$ berechneten Verdrehungswinkeln φ^0. — Betrachtet man Spannungen und Gleitungen in Hinblick auf lange und kurze Querschnittsseite (M_3: l., M_2: k.), so ergibt sich der Überblick (94), zu dem man die s_{kk} auf Abb. 2 beachte.

(94)

ⓧ	Stab A		Stab B		Isotrop	
Stabseite	lang	kurz	lang	kurz	lang	kurz
Mittellinie	M_3	M_2	M_3	M_2	M_3	M_2
Gleitzahl	$s_{66} < s_{55}$		$s_{66} > s_{55}$		$s_2 = s_2$	
Spannung (78), (79)	$>$		$<$		$>$	
Gleitung (80), (81)	$<$		$>$		$>$	

Die bekannte Regel, daß bei einem isotropen Stabe auf der langen Seite die größere Spannung und die größere Gleitung auftritt, gilt bei den anisotropen Stäben A und B nicht. Hier kann die etwa gefährlich große Gleitung auf der kurzen Seite liegen, obwohl die Spannung auf der langen Seite größer ist (A), oder es kann der umgekehrte Fall eintreten (B). Es gibt aber auch anisotrope Fälle, die dem isotropen ähnlich sind. — Beachtlich sind auch die Verhältniszahlen am Schlusse der Z.T. 7.

Klar ist, daß die Stäbe A und B sich in sehr verschiedener Weise von ihren min-Querschnitten entfernen. Auch ohne die min-Halbseiten auszurechnen, kann man die Verhältniszahlen $V_x/V_{x\,\mathrm{min}}$ für A und B berechnen; es gilt (95), worin p_x sich natürlich auf den $\neq$ min-Stab bezieht (V_x).

$$\frac{V_x}{V_{x\,\mathrm{min}}} = R(p_x)\cdot\frac{1}{2}\left(p_x+\frac{1}{p_x}\right) \tag{95}$$

Mit den Zahlen der ersten Gruppe von Z.T. 7 bekommt man die Zahlen (96). Das besagt, daß der angenommene Querschnitt für den Stab A dem min-Querschnitt verhältnismäßig nahe liegt, für den Stab B aber sehr stark davon abweicht.

$$\left(\frac{V_x}{V_{x\,\mathrm{min}}}\right)_A = 1{,}023.328\ldots,\qquad \left(\frac{V_x}{V_{x\,\mathrm{min}}}\right)_B = 5{,}677.717\ldots \tag{96}$$

Statt des vorliegenden $b_x/c_x = 3{,}2o$ wäre für den min-Querschnitt $\underline{b}_x/\underline{c}_x = 1/4$. Für den Stab B wäre daher der angenommene Querschnitt in dem bei $R(p)$ betonten Sinne denkbar ungünstig, weil gegenüber dem min-Querschnitt die Seitenlängen ungefähr vertauscht sind. Bei einem isotropen Stabe ist der min-Querschnitt quadratisch, also hier $\underline{b}_x = \underline{c}_x = \underline{d}_x = \sqrt{3{,}2o} = 1{,}788.854\ldots$, und (95) bzw. (65) ergibt hier $V_x/V_{x\,\mathrm{min}} = 1{,}680.487$, d. h. um so viel mehr verdreht sich der isotrope Stab der Z.T. 7, als der flächengleiche isotrope quadratische Stab es tun würde.

Zu Zahlentafel 8 bis 10 (Abb. 3) und 11 bis 13 (Abb. 4)

Z.T. 8 bis 10 beziehen sich auf das $R(p)$-Beispiel 1 (günstige Querschnitte), Z.T. 11 bis 13 auf das Beispiel 2 (ungünstige Querschnitte) — also Ergänzung der Beispiele in bezug auf Spannungen und Gleitungen, nachdem die s_{kk} nach der $R(p)$-Methode gewonnen sind. — Um raschen Überblick zu ermöglichen, geben (97), (98) die zu (94) analogen Zusammenstellungen. Danach läßt sich in jedem Einzelfalle alles weitere in den Zahlentafeln finden (Verbindung z. B. durch die M). Man begnüge sich nicht mit dem $\gtrless$ der betreffenden Größen, sondern sehe sich in den Tafeln die Zahlenwerte an, beachte die Werte der Verhältnisse am Schlusse der Tafeln. Die angegebenen Nummern der Gleichungen sollen zu genauerer Betrachtung anregen. Nach Abb. 5 läßt sich in jedem Falle die Bedeutung der berechneten Spannungen feststellen, und Abb. 1 und 2 können zu voller Klarheit über die jeweils vorliegenden Gleitungen verhelfen.

Nach (97), (98) gehört die größere Gleitzahl hier immer der Seite mit der größeren Gleitung an; das ist (mit Ausnahme der beiden Fälle ⓨ, $\neq$ min) die kurze Seite. Die größere Spannung findet man mit Ausnahme von ⓨ, $\neq$ min, Z. T. 9 auf den langen Seiten, so wie es im isotropen Falle immer ist.

Die beiden besonderen ⓨ-Fälle kommen dadurch zustande, daß nach Abb. 3 $c_y/a_y < 1$ ist, während $\underline{c}_y/\underline{a}_y > 1$ und nach Abb. 4 der umgekehrte Fall vorliegt. Bei Messungen sind solche Verhältnisse im allgemeinen zu vermeiden, wenigstens dann, wenn die betreffenden beiden Gleitzahlen sehr verschieden sind. Bei den ⓨ-Fällen der Abb. 3 und 4 ist es wegen der geringen Verschiedenheit von s_{44} und s_{66} noch verhältnismäßig belanglos. Wenn aber eine solche Inversion der Seitenverhältnisse in den Abb. 3 und 4 bei ⓧ oder ⓩ vorliegen würde, dann könnte die $R(p)$-Rechnung praktisch undurchführbar werden.

Zu Z.T. 8, 9, 10 (Abb. 3) (97)

Z. T.	8		8		9		9		10		10	
Stab	ⓧ, ‡ min		ⓧ, min		ⓨ, ‡ min		ⓨ, min		ⓩ, ‡ min		ⓩ, min	
Stabseite	lang	kurz	lang	kurz	lang	kurz	lang	kurz	lang	kurz	lang	kurz
Mittellinie	M_3	M_2	M_3	M_2	M_3	M_1	M_1	M_3	M_1	M_2	M_1	M_2
Gleitzahl	$s_{66} < s_{55}$		$s_{66} < s_{55}$		$s_{66} > s_{44}$		$s_{44} < s_{66}$		$s_{44} < 55$		$s_{44} < s_{55}$	
Spannung	$>$		$>$		$<$		$>$		$>$		$>$	
Gleitung	$<$		$<$		$>$		$<$		$<$		$<$	

Zu Z.T. 11, 12, 13 (Abb. 4) (98)

Z. T.	11		11		12		12		13		13	
Stab	ⓧ, ‡ min		ⓧ, min		ⓨ, ‡ min		ⓨ, min		ⓩ, ‡ min		ⓩ, min	
Stabseite	lang	kurz	lang	kurz	lang	kurz	lang	kurz	lang	kurz	lang	kurz
Mittellinie	M_3	M_2	M_3	M_2	M_1	M_3	M_3	M_1	M_1	M_2	M_1	M_2
Gleitzahl	$s_{66} < s_{55}$		$s_{66} < s_{55}$		$s_{44} > s_{66}$		$s_{66} < s_{44}$		$s_{44} < s_{55}$		$s_{44} < s_{55}$	
Spannung	$>$		$>$		$>$		$>$		$>$		$>$	
Gleitung	$<$		$<$		$>$		$<$		$<$		$<$	

Der Fall ⓨ, ‡ min, Z.T. 9 ist qualitativ vergleichbar mit Fall B, Z.T. 7, nur ist das letztere Beispiel viel markanter. Der Stab ⓨ, ‡ min, Z.T. 12, hat gewissermaßen isotropen Charakter: Spannung und Gleitung sind beide auf der langen Seite am größten.

Unten auf den Z.T. 11, 12, 13 sind isotrope Stäbe von den gleichen Querschnitten wie die darüber stehenden anisotropen behandelt. Die größeren Spannungen und Gleitungen treten selbstverständlich hier auf der langen Seite auf. Die am Schlusse angegebenen Verhältniszahlen für die Verdrehungen nehme man mit physikalischem Gefühl bei Betrachtung von Abb. 4 zur Kenntnis.

7. Interpolationstechnik bei $R(p)$ und $Q(p)$. Hierzu Abb. 6 u. 7

In beiden Tafeln stehen die $\Delta_{1,2,3}$ auf derselben Zeile wie die Funktion f_n: $\Delta_1 = f_{n+1} - f_n$ usw. Der Argumentschritt: durch Δ ohne Index bezeichnet. Für „rein mechanisches", daher Zeit und Nerven sparendes, sicheres und später kontrollierbares Interpolieren bewähren sich die in Abb. 6 u. 7 gegebenen Schablonen. Man stelle sie aus Karton oder starkem Zeichenpapier her. Die ausgeschnittenen beiden Felder umfährt man beim Gebrauch innen mit Bleistift, damit man bei etwaiger späterer Kontrolle der Rechnung, die Schablone sofort wieder in die richtige Lage bringen kann. Nach der Rechnung füge man links p und R hinzu, gegebenenfalls Notiz über Rechnungsgang usw. — Die Beschriftung basiert auf der Newtonschen Interpolationsformel (nach steigendem Argument). Wegen der Beziehungen $\lambda_2 = -((1 - \lambda_1)/2) \cdot \lambda_1$ usw. steht an der rechten Kante des linken Feldes ein Punkt vor λ_1 und λ_2. Analog bei den k_1 und k_2 der Abb. 7.

Da die vorliegenden Tafeln nicht nur für Drillungsmessungen, sondern auch für mannigfache andere Probleme gebraucht werden, so ist in Abb. 7 die inverse Schablone für Berechnung des Arguments aus vorgelegtem $R(p)$ oder $Q(p)$ angegeben. Das eingeschriebene Zahlenbeispiel geht von dem in Abb. 6 erhaltenen Werte von $R(p)$ aus. Man sieht, daß man zu genau demselben Werte von p zurückgelangt, von dem in Abb. 6 ausgegangen wurde.

Die für $\lambda_{1,2,3}$, bzw. $k_{1,2,3}$ notwendige Stellenzahl läßt sich zwar nach der Größe von $\Delta_{1,2,3}$ beurteilen, aber die oft unterschätzte Wirkung einer Reihe von Abrundungsfehlern auf dem Wege zum Endergebnis ist weniger übersichtlich und von Fall zu Fall verschieden. Daher ist für ein, besonders bei dem $R(p)$-Verfahren erwünschtes, „rein mechanisches" Interpolieren das Arbeiten mit reichlicher Stellenzahl zweckmäßig. Bei Maschinenrechnung, die für $R(p)$-Rechnungen praktisch allein in Betracht kommt, sind hier Stellenzahlüberlegungen Zeitverschwendung, und Aufschreiben einiger nicht unbedingt erforderlicher Ziffern ist kaum belastend. In den Beispielen der beiden Schablonen ist die Ziffernzahl absichtlich auf das Notwendige begrenzt — bequemer ist größere Ziffernzahl. Im allgemeinen wird man 8—9 Stellen bei den p zweckmäßig finden; namentlich bei kleinem Δ verkürze man die p nicht, die oft mit großer Stellenzahl vorliegen können. Bemerkt sei aber, daß man im Bereiche stärkster Krümmung der $R(p)$-Kurve, als z. B. bei $p = 1{,}04$, das aus $R(p)$ berechnete p nur auf etwa 7 Stellen erhalten kann. Die letzte Dezimale von R kann teilweise etwas unsicher sein, da die vom Verf. benutzten großen Tafeln hyperbolischer Funktionen von Hayashi, deren ursprüngliches Manuskript durch Brand vernichtet wurde, sehr viele Druckfehler enthalten und eine berichtigte Auflage leider nicht herausgekommen ist. Bei $Q(p)$ ist die letzte Dezimale ziemlich sicher.

Für die Abmessungen der Schablonen dürfte bei Abb. 6 eine Größe der beiden Felder von horizontal 50, vertikal 55 mm zweckmäßig sein, bei Abb. 7: 50 und 65 mm. Den Steg in der Mitte mache man nicht breiter als zur Beschriftung nötig, die ganze Umrandung so, daß man damit auf Din A 4 bequem arbeiten kann. Nach oben zu ist so viel Rand erwünscht, daß die Schablone bei Gebrauch etwas beschwert werden kann. Wenn bei Verwendung der Schablonen bei anderen Funktionstafeln mehr als 3 Differenzen erforderlich sind — bei Arbeiten mit den Tafeln von Hayashi muß man mitunter bis zu Δ_6 gehen — so ist die Reihe der λ, bzw. k entsprechend zu ergänzen.

Interpolationsschablone $p \longrightarrow (Rp)$

<u>Gegeben</u>: p

$$R(p) = R_0 + \Delta_1\lambda_1 + \Delta_2\lambda_2 + \Delta_3\lambda_3$$

p	1,904.150.629.	$\lambda_1 = \frac{p - p_0}{\Delta}$	0,004.150.629. / 0,005.
R_0	0,985.856.482.5		
$R_1 - R_0 = \Delta_1$	— 0,000.113.658.7	$\Delta_1\lambda_1$	— 0,000.094.351.019.
Δ_2	— 0, . .112.7	$\Delta_2\lambda_2$	+ 0, . . 7.946.
Δ_3	+ 0, . . 2.6	$\Delta_3\lambda_3$	+ 0, . . .071.
$1 - \lambda_1$	+ 0,169.874.2	λ_1	+ 0,830.125.8
$-(1 - \lambda_1)/2$	— 0,084.937.1	$\cdot\,\lambda_1 = \lambda_2$	— 0,070.508.
$-(2 - \lambda_1)/3$	— 0,389.958.	$\cdot\,\lambda_2 = \lambda_3$	+ 0,027.5
$R(p)$	0,985.762.139.4|98.		

Abb. 6

Interpolationsschablone $R(p) \longrightarrow p$

<u>Gegeben</u>: $R(p$

$$p = p_0 + [\Delta_1 k_1 - \Delta_2 k_2 - \Delta_3 k_3] \cdot \tfrac{\Delta}{\Delta_1}$$

$R \equiv R(p)$	0,985.762.139.5	p_0	1,900.
R_0	0,985.856.482.5	$p_1 - p_0 = \Delta$	0,005.
R_1	0,985.742.823.8	Δ/Δ_1	— 43,991.353.060
$R_1 - R_0 = \Delta_1$	— 0,000.113.658.7	$R - R_0 = \Delta_1 k_1$	— 0,000.094.343.0
Δ_2	— 0, . .112.7	$-\Delta_2 k_2$	— 0, . . 7.949
Δ_3	+ 0, . . 2.6	$-\Delta_3 k_3$	— 0, . . .072
$1 - k_1$	— 0,169.944.8	$(R - R_0)/\Delta_1 = k_1$	+ 0,830.055.2
$-(1 - k_1)/2$	— 0,084.972.4	$\cdot\,k_1 = k_2$	— 0,070.532.
$-(2 - k_1)/3$	— 0,389.981.	$\cdot\,k_2 = k_3$	+ 0,070.5
		$[\ \ ]$	— 0,000.094.351.02
p	1,904.150.629.03	$[\ \ ]\Delta/\Delta_1$	+ 0,004.150.629.03

Abb. 7

III. Anmerkungen

Klassische ältere Arbeiten:

[1] De Saint Venant, Mémoire sur la torsion des prismes. Mém. prés. à l'Acad. des Sciences. T. XIV. Paris 1856.

[2] Woldemar Voigt, Wied. Ann. 16, 1882, p. 273; 29, 1886, p. 604. Kristallphysik, Teubner, Leipzig 1910; erg. Nachdruck 1928.

[3] Todhunter and Pearson, History of the Theory of Elasticity, II, Cambridge 1893.

Arbeiten des Verfassers:

[4] Hörig, Zur Elastizität des Fichtenholzes. I. Folgerungen aus Messungen von H. Carrington an Spruce. Z. techn. Phys. 1931, p. 369—374.
Die hierin zitierten Arbeiten von Carrington, die erstmalig im Sinne der Kristallelastizität auswertbare Messungen brachten, sind auch dadurch interessant, als die schwierige Berechnungsart von Carrington sich nach der $R(p)$-Methode viel einfacher gestalten würde, namentlich bei Beachtung der min-Gesichtspunkte — es handelte sich bei Carrington um sehr viele Messungen.

[5] — ,Über die rechnerische Auswertung von Verdrehungsmessungen an Holzstäben. Ing.-Arch. 1933, p. 570—576.

[6] —, Anwendung der Elastizitätstheorie anisotroper Körper auf Messungen an Holz. Ing.-Arch. 1935, p. 8—14.

[7] —, Berechnung der Gleitzahlen s_{44}, s_{55}, s_{66} aus den Verdrehungen von Stäben mit rechteckigen Querschnitten bei rhombischer Symmetrie. Ing.-Arch. 1936. p. 165—170.
Enthält auch die Grundlage meines zeichnerischen $R(p)$-Verfahrens.

[8] —, Über die unmittelbare Messung der Gleitzahlen s_{44}, s_{55}, s_{66} bei Stoffen rhombischer Symmetrie und geringer Starrheit. Ann. d. Physik, 1943, p. 285—295.

[9] —, Kritische Bemerkungen zu den auf dem DIN-MDV-Blatt 2190 angegebenen Formeln für die Berechnung des Drillungsmoduls und der sog. Verdrehungsfestigkeit von Holzstäben. Silvae Orbis 1944, Sonderdruck Heft 15.
Enthält mehrere entstellende Druckfehler, war vom Verf. nicht für Publikation geschrieben — beleuchtet aber die damalige Situation.

Noch nicht abgeschlossene Buch-Handschrift:

[10] —, Grundlagen einer Anwendung der Elastizitätstheorie anisotroper Körper auf Holz, mit Beschränkung auf statische Probleme, (Behandlung des Gegenstandes in großem Umfang.)

IV.

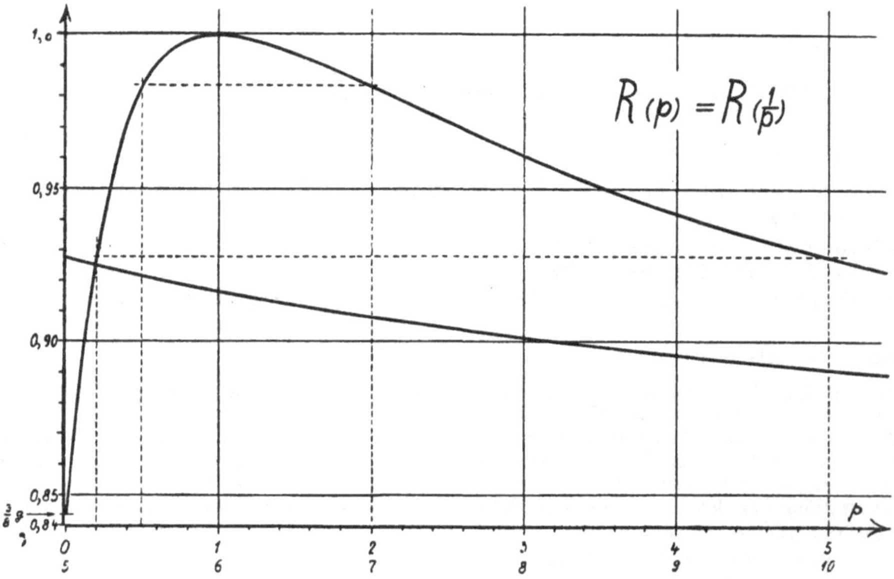

$R(p)$ nach (13), (16).
Bei den Achsen gilt die innere, bei der Kurve die obere Kante.

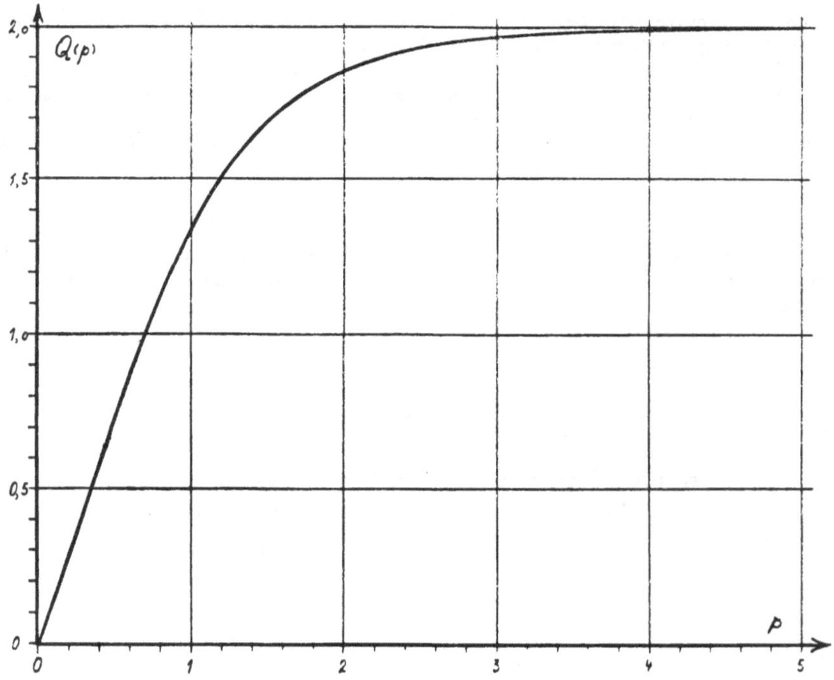

$Q(p)$ nach (71), (72).
Bei den Achsen gilt die innere, bei der Kurve die obere Kante.

p	$R(p)$	$-\Delta_1$	$-\Delta_2$	$+\Delta_3$
1,000	1	.034.7	69.3	.2
	0,999.			
1	.999.965.3	.104.0	69.1	.2
2	.999.861.3	.173.2	68.9	.2
3	.999.688.1	.242.1	68.7	.2
4	.999.446.0	.310.8	68.5	.2
5	.999.135.2	.379.3	68.3	.2
6	.998.755.8	.447.6	68.1	.2
7	.998.308.2	.515.8	67.9	.2
8	.997.792.4	.583.7	67.7	.2
9	.997.208.8	.651.4	67.5	.2
1,010	.996.557.4	.718.9	67.3	.2
1	.995.838.6	.786.2	67.1	.2
2	.995.052.4	.853.3	66.9	.2
3	.994.199.2	.920.2	66.7	.2
4	.993.279.0	.986.9	66.5	.2
5	.992.292.2	1.053.4	66.3	.2
6	.991.238.8	1.119.7	66.1	.2
7	.990.119.1	1.185.8	65.9	.2
8	.988.933.4	1.251.7	65.7	.2
9	.987.681.7	1.317.4	65.5	.2
1,020	.986.364.2	1.382.9	65.3	.2
1	.984.981.3	1.448.3	65.1	.2
2	.983.533.1	1.513.4	64.9	.2
3	.982.019.7	1.578.3	64.8	.2
4	.980.441.4	1.643.1	64.6	.2
5	.978.798.3	1.707.6	64.4	.2
6	.977.090.6	1.772.0	64.2	.2
7	.975.318.6	1.836.2	64.0	.2
8	.973.482.4	1.900.2	63.8	.2
9	.971.582.2	1.964.0	63.6	.2
1,030	.969.618.3	2.027.6	63.4	.2
1	.967.590.7	2.091.0	63.2	.2
2	.965.499.6	2.154.3	63.1	.2
3	.963.345.4	2.217.3	62.9	.2
4	.961.128.0	2.280.2	62.7	.2
5	.958.847.8	2.342.9	62.5	.2
6	.956.504.9	2.405.4	62.3	.2
7	.954.099.6	2.467.7	62.1	.2
8	.951.631.9	2.529.8	62.0	.2
9	.949.102.0	2.591.8	61.8	.2
1,040	.946.510.2	2.653.6	61.6	.2

p	$R(p)$	$-\Delta_1$	$-\Delta_2$	$+\Delta_3$
	0,999.			
1,041	.943.856.7	2.715.2	61.4	.2
2	.941.141.5	2.776.6	61.2	.2
3	.938.364.9	2.837.8	61.1	.2
4	.935.527.1	2.898.9	60.9	.2
5	.932.628.3	2.959.7	60.7	.2
6	.929.668.5	3.020.4	60.5	.2
7	.926.648.1	3.081.0	60.3	.2
8	.923.567.2	3.141.3	60.2	.2
9	.920.425.9	3.201.5	60.0	.2
1,050	.917.224.4	3.261.5	59.8	.2
1	.913.962.9	3.321.3	59.6	.2
2	.910.641.7	3.380.9	59.5	.2
3	.907.260.7	3.440.4	59.3	.2
4	.903.820.3	3.499.7	59.1	.2
5	.900.320.6	3.558.8	59.0	.2
6	.896.761.8	3.617.8	58.8	.2
7	.893.144.0	3.676.6	58.6	.2
8	.889.467.4	3.735.2	58.4	.2
9	.885.732.2	3.793.6	58.3	.2
1,060	.881.938.6	3.851.9	58.1	.2
1	.878.086.7	3.910.0	57.9	.2
2	.874.176.7	3.968.0	57.8	.2
3	.870.208.7	4.025.7	57.6	.2
4	.866.183.0	4.083.3	57.4	.2
5	.862.099.6	4.140.8	57.3	.2
6	.857.958.9	4.198.1	57.1	.2
7	.853.760.8	4.255.2	56.9	.2
8	.849.505.7	4.312.1	56.8	.2
9	.845.193.5	4.368.9	56.6	.2
1,070	.840.824.7	4.425.5	56.5	.2
1	.836.399.2	4.482.0	56.3	.2
2	.831.917.2	4.538.3	56.1	.2
3	.827.378.9	4.594.4	56.0	.2
4	.822.784.6	4.650.4	55.8	.2
5	.818.134.2	4.706.2	55.6	.2
6	.813.428.0	4.761.8	55.5	.2
7	.808.666.2	4.817.3	55.3	.2
8	.803.848.9	4.872.6	55.2	.2
9	.798.976.3	4.927.8	55.0	.2
1,080	.794.048.5	4.982.8	54.9	.2

p	$R(p)$	$-\Delta_1$	$-\Delta_2$	$+\Delta_3$
	0,999.			
1,081	.789.065.7	5.037.7	54.7	.2
2	.784.028.0	5.092.4	54.5	.2
3	.778.935.7	5.146.9	54.4	.2
4	.773.788.7	5.201.3	54.2	.2
5	.768.587.4	5.255.5	54.1	.2
6	.763.331.9	5.309.6	53.9	.2
7	.758.022.3	5.363.5	53.8	.2
8	.752.658.8	5.417.3	53.6	.2
9	.747.241.5	5.470.9	53.5	.2
1,090	.741.770.6	5.524,4	53.3	.2
1	.736.246.2	5.577.7	53.2	.2
2	.730.668.5	5.630.8	53.0	.2
3	.725.037.7	5.683.9	52.9	.2
4	.719.353.8	5.736.7	52.7	.2
5	.713.617.1	5.789.4	52.6	.2
6	.707.827.7	5.842.0	52.4	.2
7	.701.985.7	5.894.4	52.3	.2
8	.696.091.3	5.946.6	52.1	.2
9	.690.144.7	5.998.8	52.0	.1
1,100	.684.145.9	6.050.7	51.8	.1
1	.678.095.2	6.102.5	51.7	.1
2	.671.992.7	6.154.2	51.5	.1
3	.665.838.5	6.205.7	51.4	.1
4	.659.632.7	6.275.1	51.2	.1
5	.653.375.6	6.308.3	51.1	.1
6	.647.067.3	6.359.4	50.9	.1
7	.640.707.9	6.410.4	50.8	.1
8	.634.297.5	6.461.2	50.7	.1
9	.627.836.3	6.511.8	50.5	.1
1,110	.621.324.5	6.562.3	50.4	.1
1	.614.762.2	6.612.7	50.2	.1
2	.608.149.5	6.662.9	50.1	.1
3	.601.486.5	6.713.0	49.9	.1
4	.594.773.5	6.763.0	49.8	.1
5	.588.010.5	6.812.8	49.7	.1
6	.581.197.8	6.862.4	49.5	.1
7	.574.335.3	6.912.0	49.4	.1
8	.567.423.4	6.961.3	49.2	.1
9	.560.462.0	7.010.6	49.1	.1
1,120	.553.451.4	7.059.7	49.0	.1
1	.546.391.7	7.108.7	48.8	.1

p	$R(p)$	$-\Delta_1$	$-\Delta_2$	$+\Delta_3$
	0,999.			
1,122	.539.283.0	7.157.5	48.7	.1
3	.532.125.5	7.206.2	48.6	.1
4	.524.919.3	7.254.8	48.4	.1
5	.517.664.6	7.303.2	48.3	.1
6	.510.361.4	7.351.5	48.2	.1
7	.503.009.9	7.399.6	48.0	.1
8	.495.610.3	7.447.7	47.9	.1
9	.488.162.6	7.495.5	47.8	.1
1,130	.480.667.1	7.543.3	47.6	.1
1	.473.123.8	7.590.9	47.5	.1
2	.465.532.9	7.638.4	47.4	.1
3	.457.894.5	7.685.7	47.2	.1
4	.450.208.8	7.733.0	47.1	.1
5	.442.475.8	7.780.0	47.0	.1
6	.434.695.8	7.827.0	46.8	.1
7	.426.868.8	7.873.8	46.7	.1
8	.418.994.9	7.920.5	46.6	.1
9	.411.074.4	7.967.1	46.4	.1
1,140	.403.107.3	8.013.5	46.3	.1
1	.359.093.8	8.059.8	46.2	.1
2	.387.034.0	8.106.0	46.0	.1
3	.378.928.0	8.152.0	45.9	.1
4	.370.775.9	8.198.0	45.8	.1
5	.362.578.0	8.243.8	45.7	.1
6	.354.334.2	8.289.4	45.5	.1
7	.346.044.8	8.335.0	45.4	.1
8	.337.709.8	8.380.4	45.3	.1
9	.329.329.4	8.425.7	45.2	.1
1,150	.320.903.8	8.470.8	45.0	.1
1	.312.432.9	8.515.9	44.9	.1
2	.303.917.1	8.560.8	44.8	.1
3	.295.356.3	8.605.6	44.7	.1
4	.286.750.7	8.650.2	44.5	.1
5	.278.100.5	8.694.8	44.4	.1
6	.269.405.8	8.739.2	44.3	.1
7	.260.666.6	8.783.5	44.2	.1
8	.251.883.1	8.827.6	44.0	.1
9	.243.055.5	8.871.7	43.9	.1
1,160	.234.183.8	8.915.6	43.8	.1
1	.225.268.2	8.959.4	43.7	.1
2	.216.308.8	9.003.1	43.6	.1

p	R(p)	$-\Delta_1$	$-\Delta_2$	$+\Delta_3$
	0,999.			
1,163	.207.305.7	9.046.7	43.4	.1
4	.198.259.0	9.090.1	43.3	.1
5	.189.168.9	9.133.4	43.2	.1
6	.180.035.5	9.176.6	43.1	.1
7	.170.858.9	9.219.7	43.0	.1
8	.161.639.1	9.262.7	42.8	.1
9	.152.376.5	9.305.5	42.7	.1
1,170	.143.070.9	9.348.3	42.6	.1
1	.133.722.7	9.390.9	42.5	.1
2	.124.331.8	9.433.4	42.4	.1
3	.114.898.4	9.475.7	42.3	.1
4	.105.422.7	9.518.0	42.1	.1
5	.095.904.7	9.560.2	42.0	.1
6	.086.344.5	9.602.2	41.9	.1
7	.076.742.3	9.644.1	41.8	.1
8	.067.098.2	9.685.9	41.7	.1
9	.057.412.3	9.727.6	41.6	.1
1,180	.047.684.8	9.769.2	41.5	.1
1	.037.915.6	9.810.6	41.4	.1
2	.028.105.0	9.852.0	41.2	.1
3	.018.253.1	9.893.2	41.1	.1
4	.008.359.9	9.934.3	41.0	.1
	0,998.			
5	.998.425.6	9.975.3	40,9	.1
6	.988.450.3	10.016.2	40.8	.1
7	.978.434.1	10.057.0	40.7	.1
8	.968.377.1	10.097.6	40.6	.1
9	.958.279.5	10.138.2	40.4	.1
1,190	.948.141.3	10.178.6	40.3	.1
1	.937.962.7	10.219.0	40.2	.1
2	.927.743.7	10.259.2	40.1	.1
3	.917.484.5	10.299.3	40.0	.1
4	.907.185.2	10.339.3	39.9	.1
5	.896.845.9	10.379.2	39.8	.1
6	.886.466.7	10.419.0	39.7	.1
7	.876.047.7	10.458.7	39.6	.1
8	.865.589.0	10.498.2	39.5	.1
9	.855.090.8	10.537.7	39.4	.1
1,200	.844.553.1	10.577.1	39.2	.1
1	.833.976.0	10.616.3	39.1	.1
2	.823.359.7	10.655.4	39.0	.1

p	R(p)	$-\Delta_1$	$-\Delta_2$	$+\Delta_3$
	0,998.			
1,203	.812.704.3	10.694.5	38.9	.1
4	.802.009.8	10.733.4	38.8	.1
5	.791.276.4	10.772.2	38.7	.1
6	.780.504.2	10.810.9	38.6	.1
7	.769.693.3	10.849.6	38.5	.1
8	.758.843.7	10.888.1	38.4	.1
9	.747.955.6	10.926.5	38.3	.1
1,210	.737.029.2	10.964.8	38.2	.1
1	.726.064.4	11.002.9	38.1	.1
2	.715.061.5	11.041.0	38.0	.1
3	.704.020.5	11.079.0	37.9	.1
4	.692.941.4	11.116.9	37.8	.1
5	.681.824.5	11.154.7	37.7	.1
6	.670.669.8	11.192.4	37.6	.1
7	.659.477.5	11.229.9	37.5	.1
8	.648.247.5	11.267.4	37.4	.1
9	.636.980.1	11.304.8	37.3	.1
1,220	.625.675.3	11.342.1	37.2	.1
1	.614.333.3	11.379.2	37.1	.1
2	.602.954.1	11.416.3	37.0	.1
3	.591.537.8	11.453.3	36.9	.1
4	.580.084.5	11.490.1	36.8	.1
5	.568.594.4	11.526.9	36.7	.1
6	.557.067.5	11.563.6	36.6	.1
7	.545.503.9	11.600.1	36.5	.1
8	.533.903.8	11.636.6	36.4	.1
9	.522.267.2	11.673.0	36.3	.1
1,230	.510.594.2	11.709.3	36.2	.1
1	.498.885.0	11.745.4	36.1	.1
2	.487.139.5	11.781.5	36.0	.1
3	.475.358.0	11.817.5	35.9	.1
4	.463.540.5	11.853.4	35.8	.1
5	.451.687.2	11.889.1	35.7	.1
6	.439.798.0	11.924.8	35.6	.1
7	.427.873.2	11.690.4	35.5	.1
8	.415.912.8	11.995.9	35.4	.1
9	.403.916.8	12.031.3	35.3	.1
1,240	.391.885.5	12.066.6	35.2	.1
1	.379.818.9	12.101.8	35.1	.1
2	.367.717.0	12.137.0	35.0	.1
3	.355.580.1	12.172.0	34.9	.1

p	$R(p)$	$-\Delta_1$	$-\Delta_2$	$+\Delta_3$
	0,998.			
1,244	.343.408.1	12.206.9	34.8	.1
5	.331.201.2	12.241.7	34.7	.1
6	.318.959.5	12.276.5	34.6	.1
7	.306.683.0	12.311.1	34.6	.1
8	.294.371.9	12.345.7	34.5	.1
9	.282.026.2	12.380.1	34.4	.1
1,250	.269.646.1	12.414.5	34.3	.1
1	.257.231.6	12.448.8	34.2	.1
2	.244.782.9	12.482.9	34.1	.1
3	.232.299.9	12.517.0	34.0	.1
4	.219.782.9	12.551.0	33.9	.1
5	.207.231.9	12.584.9	33.8	.1
6	.194.647.0	12.618.7	33.7	.1
7	.182.028.2	12.652.5	33.6	.1
8	.169.375.8	12.686.1	33.5	.1
9	.156.689.7	12.719.6	33.5	.1
1,260	.143.970.0	12.753.1	33.4	.1
1	.131.216.9	12.786.4	33.3	.1
2	.118.430.5	12.819.7	33.2	.1
3	.105.610.8	12.852.9	33.1	.1
4	.092.757.9	12.886.0	33.0	.1
5	.079.871.9	12.919.0	32.9	.1
6	.066.952.9	12.951.9	32.8	.1
7	.054.001.0	12.984.7	32.7	.1
8	.041.016.3	13.017.5	32.7	.1
9	.027.998.8	13.050.1	32.6	.1
1,270	.014.948.7	13.082.7	32.5	.1
1	.001.866.0	13.115.2	32.4	.1
	0,997.			
2	.988.750.8	13.147.5	32.3	.1
3	.975.603.3	13.179.9	32.2	.1
4	.962.423.4	13.212.1	32.1	.1
5	.949.211.4	13.244.2	32.0	.1
6	.935.967.2	13.276.2	32.0	.1
7	.922.690.9	13.308.2	31.9	.1
8	.909.382.7	13.340.1	31.8	.1
9	.896.042.7	13.371.8	31.7	.1
1,280	.882.670.8	13.403.5	31.6	.1
1	.869.267.3	13.435.2	31.5	.1
2	.855.832.1	13.466.7	31.4	.1
3	.842.365.4	13.498.1	31.4	.1

p	$R(p)$	$-\Delta_1$	$-\Delta_2$	$+\Delta_3$
	0,997.			
1,284	.828.867.3	13.529.5	31.3	.1
5	.815.337.8	13.560.8	31.2	.1
6	.801.777.0	13.592.0	31.1	.1
7	.788.185.0	13.623.1	31.0	.1
8	.774.562.0	13.654.1	30.9	.1
9	.760.907.9	13.685.1	30.9	.1
1,290	.747.222.8	13.715.9	30.8	.1
1	.733.506.9	13.746.7	30.7	.1
2	.719.760.2	13.777.4	30.6	.1
3	.705.982.8	13.808.0	30.5	.1
4	.692.174.8	13.838.5	30.4	.1
5	.678.336.2	13.869.0	30.4	.1
6	.664.467.2	13.899.4	30.3	.1
7	.650.567.9	13.929.7	30.2	.1
8	.636.638.2	13.959.9	30.1	.1
9	.622.678.4	13.990.0	30.1	.1
1,300	.608.688.4	14.020.0	30.0	.1
1	.594.668.3	14.050.0	29.9	.1
2	.580.618.3	14.079.9	29.8	.1
3	.566.538.5	14.109.7	29.7	.1
4	.552.428.8	14.139.4	29.6	.1
5	.538.289.4	14.169.1	29.6	.1
6	.524.120.3	14.198.6	29.5	.1
7	.509.921.7	14.228.1	29.4	.1
8	.495.693.6	14.257.5	29.3	.1
9	.481.436.1	14.286.8	29.3	.1
1,310	.467.149.2	14.316.1	29.2	.1
1	.452.833.1	14.345.3	29.1	.1
2	.438.487.8	14.374.4	29.0	.1
3	.424.113.5	14.403.4	28.9	.1
4	.409.710.1	14.432.3	28.9	.1
5	.395.277.8	14.461.2	28.8	.1
6	.380.816.6	14.490.0	28.7	.1
7	.366.326.6	14.518.7	28.6	.1
8	.351.807.9	14.547.3	28.6	.1
9	.337.260.6	14.575.9	28.5	.1
1,320	.322.684.8	14.604.3	28.4	.1
1	.308.080.4	14.632.7	28.3	.1
2	.293.447.7	14.661.1	28.3	.1
3	.278.786.6	14.689.3	28.2	.1
4	.264.097.3	14.717.5	28.1	.1

p	(Rp)	$-\Delta_1$	$-\Delta_2$	$+\Delta_3$
	0,997.			
1,325	.249.379.8	14.745.6	28.0	.1
6	.234.634.2	14.773.6	28.0	.1
7	.219.860.6	14.801.6	27.9	.1
8	.205.059.1	14.829.4	27.8	.1
9	.190.229.6	14.857.2	27.7	.1
1,330	.175.372.4	14.885.0	27.7	.1
1	.160.487.4	14.912.6	27.6	.1
2	.145.574.8	14.940.2	27.5	.1
3	.130.634.6	14.967.7	27.4	.1
4	.115.666.9	14.995.1	27.4	.1
5	.100.671.7	15.022.5	27.3	.1
6	.085.649.2	15.049.8	27.2	.1
7	.070.599.5	15.077.0	27.1	.1
8	.055.522.5	15.104.1	27.1	.1
9	.040.418.3	15.131.2	27.0	1
1,340	.025.287.1	15.158.2	26.9	.1
1	.010.128.9	15.185.1	26.9	.1
	0,996.			
2	.994.943.8	15.212.0	26.8	.1
3	.979.731.8	15.238.8	26.7	.1
4	.964.493.1	15.265.5	26.6	.1
5	.949.227.6	15.292.1	26.6	.1
6	.933.935.5	15.318.7	26.5	.1
7	.918.616.9	15.345.2	26.4	.1
8	.903.271.7	15.371.6	26.4	.1
9	.887.900.1	15.397.9	26.3	.1
1,350	.872.502.2	15.424.2	26.2	.1
1	.857.078.0	15.450.4	26.1	.1
2	.841.627.5	15.476.6	26.1	.1
3	.826.151.0	15.502.6	26.0	.1
4	.810.648.3	15.528.7	25.9	.1
5	.795.119.7	15.554.6	25.9	.1
6	.779.565.1	15.580.5	25.8	.1
7	.763.984.6	15.606.2	25.7	.1
8	.748.378.4	15.632.0	25.7	.1
9	.732.746.4	15.657.6	25.6	.1
1,360	.717.088.8	15.683.2	25.5	.1
1	.701.405.6	15.708.7	25.5	.1
2	.685.696.8	15.734.2	25.4	.1
3	.669.962.6	15.759.6	25.3	.1
4	.654.203.0	15.784.9	25.2	.1

p	R(p)	$-\Delta_1$	$-\Delta_2$	$+\Delta_3$
	0,996.			
1,365	.638.418.1	15.810.1	25.2	.1
6	.622.608.0	15.835.3	25.1	.1
7	.606.772.7	15.860.4	25.0	.1
8	.590.912.2	15.885.5	25.0	.1
9	.575.026.7	15.910.5	24.9	.1
1,370	.559.116.3	15.935.4	24.8	.1
1	.543.180.9	15.960.2	24.8	.1
2	.527.220.7	15.985.0	24.7	.1
3	.511.235.6	16.009.7	24.7	.1
4	.495.225.9	16.034.4	24.6	.1
5	.479.191.5	16.059.0	24.5	.1
6	.463.132.6	16.083.5	24.5	.1
7	.447.049.1	16.107.9	24.4	.1
8	.430.941.2	16.132.3	24.3	.1
9	.414.808.9	16.156.6	24.3	.1
1,380	.398.652.3	16.180.9	24.2	.1
1	.382.471.4	16.205.1	24.1	.1
2	.366.266.3	16.229.2	24.1	.1
3	.350.037.1	16.253.3	24.0	.1
4	.333.783.8	16.277.3	13.9	.1
5	.317.506.6	16.301.2	23.9	.1
6	.301.205.4	16.325.1	23.8	.1
7	.284.880.3	16.348.9	23.7	.1
8	.268.531.5	16.372.6	23.7	.1
9	.252.158.9	16.396.3	23.6	.1
1,390	.235.762.6	16.419.9	23.5	.1
1	.219.342.7	16.443.4	23.5	.1
2	.202.899.3	16.466.9	23.4	.1
3	.186.432.3	16.490.9	23.4	.1
4	.169.942.0	16.513.7	23.3	.1
5	.153.428.3	16.537.0	23.2	.1
6	.136.891.3	16.560.2	23.2	.1
7	.120.331.0	16.583.4	23.1	.1
8	.103.747.6	16.606.5	23.0	.1
9	.087.141.1	16.629.6	23.0	.1
1,400	.070.511.5	16.652.6	22.9	.1
1	.053.858.9	16.675.5	22.9	.1
2	.037.183.4	16.698.4	22.8	.1
3	.020.485.1	16.721.2	22.7	.1
4	.003.763.9	16.743.9	22.7	.1

p	$R(p)$	$-\Delta_1$	$-\Delta_2$	$+\Delta_3$
	0,995.			
1,405	.987.020.0	16.766.6	22.6	.1
6	.970.253.5	16.789.2	22.6	.1
7	.953.464.3	16.811.8	22.5	.1
8	.936.652.5	16.834.3	22.4	.1
9	.919.818.2	16.856.7	22.4	.1
1,410	.902.961.5	16.879.1	22.3	.1
1	.886.082.5	16.901.4	22.3	.1
2	.869.181.1	16.923.7	22.2	.1
3	.852.257.4	16.945.8	22.1	.1
4	.835.311.6	16.968.0	22.1	1
5	.818.343.6	16.990.1	22.0	.1
6	.801.353.5	17.012.1	22.0	.1
7	.784.341.4	17.034.0	21.9	.1
8	.767.307.4	17.055.9	21.8	.1
9	.750.251.4	17.077.8	21.8	.1
1,420	.733.173.7	17.099.6	21.7	.1
1	.716.074.1	17.121.3	21.7	.1
2	.698.952.8	17.143.0	21.6	.1
3	.681.809.8	17.164.6	21.6	.1
4	.664.645.3	17.186.1	21.5	.1
5	.647.459.1	17.207.6	21.4	.1
6	.630.251.5	17.229.0	21.4	.1
7	.613.022.5	17.250.4	21.3	.1
8	.595.772.1	17.271.7	21.3	.1
9	.578.500.3	17.293.0	21.2	.1
1,430	.561.207.3	17.314.2	21.1	.1
1	.543.893.1	17.335.3	21.1	.1
2	.526.557.8	17.356.4	21.0	.1
3	.509.201.4	17.377.5	21.0	.1
4	.491.823.9	17.398.4	20.9	.1
5	.474.425.5	17.419.4	20.9	.1
6	.457.006.1	17.440.2	20.8	.1
7	.439.565.9	17.461.0	20.7	.1
8	.422.104.9	17.481.8	20.7	.1
9	.404.623.1	17.502.5	20.6	.1
1,440	.387.120.6	17.523.1	20.6	
1	.369.597.5	17.543.7	20.5	
2	.352.053.8	17.564.2	20.5	
3	.334.489.6	17.584.7	20.4	
4	.316.905.0	17.605.1	20.4	
5	.299.299.9	17.625.5	20.3	
	0,995.			
1,446	.281.674.4	17.645.8	20.2	
7	.264.028.7	17.666.0	20.2	
8	.246.362.7	17.686.2	20.1	
9	.228.676.5	17.706.3	20.1	
1,450	.210.970.1	17.726.4	20.0	
1	.193.243.7	17.746.4	20.0	
2	.175.497.3	17.766.4	19.9	
3	.157.730.8	17.786.3	19.9	
4	.139.944.5	17.806.2	19.8	
5	.122.138.3	17.826.0	19.8	
6	.104.312.2	17.845.8	19.7	
7	.086.466.5	17.865.5	19.7	
8	.068.601.0	17.885.1	19.6	
9	.050.715.8	17.904.7	19.5	
1,460	.032.811.1	17.924.3	19.5	
1	.014.886.8	17.943.8	19.4	
	0,994.			
2	.996.943.0	17.963.2	19.4	
3	.978.979.8	17.982.6	19.3	
4	.960.997.2	18.001.9	19.3	
5	.942.995.2	18.021.2	19.2	
6	.924.974.0	18.040.4	19.2	
7	.906.933.6	18.059.6	19.1	
8	.888.873.9	18.078.7	19.1	
9	.870.795.2	18.097.8	19.0	
1,470	.852.697.4	18.116.8	19.0	
1	.834.580.5	18.135.8	18.9	
2	.816.444.7	18.154.7	18.8	
3	.798.290.0	18.173.6	18.8	
4	.780.116.4	18.192.4	18.8	
5	.761.924.0	18.211.2	18.7	
6	.743.712.9	18.229.9	18.7	
7	.725.483.0	18.248.5	18.6	
8	.707.234.5	18.267.1	18.6	
9	.688.967.3	18.285.7	18.5	
1,480	.670.681.7	18.304.2	18.5	
1	.652.377.5	18.322.7	18.4	
2.	.634.054.8	18.341.1	18.4	
3	.615.713.8	18.359.4	18.3	
4	.597.354.3	18.377.7	18.3	

p	$R(p)$	$-\Delta_1$	$-\Delta_2$	$+\Delta_3$
	0,994.			
1,485	.578.976.6	18.396.0	18.2	
6	.560.580.7	18.414.2	18.2	
7	.542.166.5	18.432.3	18.1	
8	.523.734.2	18.450.4	18.1	
9	.505.283.7	18.468.5	18.0	
1,490	.486.815.3	18.486.5	17.9	
1	.468.328.8	18.504.4	17.9	
2	.449.824.3	18.522.3	17.9	
3	.431.302.0	18.540.2	17.8	
4	.421.761.8	18.558.0	17.8	
5	.394.203.8	18.575.8	17.7	
6	.375.628.0	18.593.5	17.7	
7	.357.034.5	18.611.1	17.6	
8	.338.423.4	18.628.7	17.5	
9	.319.794.7	18.646.3	17.5	
1,500	.301.148.3	18.663.8	17.5	
1	.282.484.5	18.681.3	17.4	
2	.263.803.2	18.698.7	17.4	
3	.245.104.5	18.716.1	17.3	
4	.226.388.4	18.733.4	17.3	
5	.207.655.0	18.750.7	17.2	
6	.188.904.4	18.767.9	17.2	
7	.170.136.5	18.785.1	17.1	
8	.151.351.4	18.802.2	17.1	
9	.132.549.2	18.819.3	17.0	
1,510	.113.729.9	18.836.3	17.0	
1	.094.893.6	18.853.3	16.9	
2	.076.040.2	18.870.3	16.9	
3	.057.170.0	18.887.2	16.8	
4	.038.282.8	18.904.0	16.8	
5	.019.378.8	18.920.8	16.8	
6	.000.458.0	18.937.6	16.7	
	0,993.			
7	.981.520.5	18.954.3	16.7	
8	.962.566.2	18.970.9	16.6	
9	.943.595.3	18.987.5	16.6	
1,520	.924.607.8	19.004.1	16.5	
1	.905.603.7	19.020.6	16.5	
2	.886.583.0	19.037.1	16.4	
3	.867.545.9	19.053.5	16.4	
4	.848.492.4	19.069.9	16.3	

p	$R(p)$	$-\Delta_1$	$-\Delta_2$	$+\Delta_3$
	0,993.			
1,525	.829.422.5	19.086.3	16.3	
6	.810.336.3	19.102.5	16.2	
7	.791.233.7	19.118.8	16.2	
8	.772.114.9	19.135.0	16.2	
9	.752.979.9	19.151.2	16.1	
1,530	.733.828.8	19.167.3	16.1	
1	.714.661.5	19.183.3	16.0	
2	.695.478.2	19.199.3	16.0	
3	.676.278.8	19.215.3	15.9	
4	.657.063.5	19.231.3	15.9	
5	.637.832.2	19.247.1	15.8	
6	.618.585.1	19.263.0	15.8	
7	.599.322.1	19.278.8	15.8	
8	.580.043.3	19.294.5	15.7	
9	.560.748.8	19.310.2	15.7	
1,540	.541.438.5	19.325.9	15.6	
1	.522.112.6	19.341.5	15.6	
2	.502.771.1	19.357.1	15.5	
3	.483.414.0	19.372.6	15.5	
4	.464.041.3	19.388.1	15.4	
5	.444.653.2	19.403.6	15.4	
6	.425.249.6	19.419.0	15.4	
7	.405.830.6	19.434.3	15.3	
8	.386.396.3	19.449.7	15.3	
9	.366.946.6	19.464.9	15.2	
1,550	.347.481.7	19.480.2	15.2	
1	.328.001.5	19.495.3	15.1	
2	.308.506.2	19.510.5	15.1	
3	.288.995.7	19.525.6	15.1	
4	.269.470.1	19.540.6	15.0	
5	.249.929.5	19.555.7	15.0	
6	.320.373.8	19.570.6	14.9	
7	.210.803.2	19.585.6	14.9	
8	.191.217.6	19.600.5	14.8	
9	.171.617.2	19.615.3	14.8	
1,560	.152.001.9	19.630.1	14.8	
1	.132.371.8	19.644.9	14.7	
2	.112.726.9	19.659.6	14.7	
3	.093.067.3	19.674.3	14.6	
4	.073.393.1	19.688.9	14.6	
5	.053.704.2	19.703.5	14.6	

p	$R(p)$	$-\Delta_1$	$-\Delta_2$	$+\Delta_3$
	0,993.			
1,566	.034.000.7	19.718.0	14.5	
7	.014.282.7	19.732.5	14.5	
	0,992.			
8	.994.550.2	19.747.0	14.4	
9	.974.803.1	19.761.4	14.4	
1,570	.955.041.7	19.775.8	14.3	
1	.935.265.9	19.790.2	14.3	
2	.915.475.7	19.804.5	14.3	
3	.895.671.3	19.818.7	14.2	
4	.875.852.5	19.833.0	14.2	
5	.856.019.6	19.847.1	14.1	
6	.836.172.4	19.861.3	14.1	
7	.816.311.2	19.875.4	14.1	
8	.796.435.8	19.889.4	14.0	
9	.776.546.3	19.903.5	14.0	
1,580	.756.642.9	19.917.4	13.9	
1	.736.725.5	19.931.4	13.9	
2	.716.794.1	19.945.3	13.9	
3	.696.848.8	19.959.1	13.8	
4	.676.889.7	19.972.9	13.8	
5	.536.916.8	19.986.7	13.7	
6	.536.930.0	20.000.5	13.7	
7	.616.929.6	20.014.2	13.7	
8	.596.915.4	20.027.8	13.6	
9	.567.887.6	20.041.4	13.6	
1,590	.556.846.2	20.055.0	13.5	
1	.536.791.2	20.068.6	13.5	
2	.516.722.6	20.082.1	13.5	
3	.496.640.6	20.095.5	13.4	
4	.476.545.1	20.108.9	13.4	
5	.456.436.1	20.122.3	13.3	
6	.436.313.8	20.135.7	13.3	
7	.416.178.2	20.149.0	13.3	
8	.396.029.2	20.162.2	13.2	
9	.375.866.9	20.175.5	13.2	
1,600	.355.691.5	.101.074.4	324.9	4.7
05	.254.617.1	.101.399.3	320.2	4.6
10	.153.217.8	.101.719.5	315.5	4.6
15	.051.498.2	.102.035.0	310.9	4.5

p	$R(p)$	$-\Delta_1$	$-\Delta_2$	$+\Delta_3$
	0,991.			
1,620	.949.463.2	.102.345.9	306.3	4.5
25	.847.117.2	.102.652.2	301.7	4.4
30	.744.465.0	.102.953.9	297.3	4.4
35	.641.511.1	103.251.2	292.8	4.3
40	.538.259.9	.103.544.0	288.4	4.3
45	.434.715.9	.103.832.4	284.1	4.3
1,650	.330.883.5	.104.116.5	279.8	4.2
55	.226.767.0	.104.396.2	275.5	4.2
60	.122.370.8	.104.671.7	271.2	4.1
65	.017.699.0	.104.943.0	267.1	4.1
	0,990.			
70	.912.756.0	.105.210.2	263.0	4.1
75	.807.545.8	.105.473.2	258.9	4.0
80	.702.072.6	.105.732.0	254.9	4.0
85	.596.340.5	.105.987.0	250.9	4.0
90	.490.353.6	.106.237.9	246.9	3.9
95	.384.115.7	.106.484.8	243.0	3.9
1,700	.277.630.8	.106.727.9	239.2	3.8
05	.170.903.0	.106.967.0	235.3	3.8
10	.063.936.0	.107.202.3	231.5	3.8
	0,989.			
15	.956.733.6	.107.433.9	227.8	3,7
20	.849.299.7	.107.661.7	224.1	3.7
25	.741.638.1	.107.885.7	220.4	3.6
30	.633.752.3	.108.106.1	216.8	3.6
35	.525.646.2	.108.322.9	213.2	3.6
40	.417.323.3	.108.536.1	209.6	3.5
45	.308.787.2	.108.745.7	206.1	3.5
1,750	.200.041.5	.108.951.7	202.6	3.5
55	.091.089.8	.109.154.3	199.1	3.4
	0,988.			
60	.981.935.5	.109.353.5	195.7	3.4
65	.872.582.0	.109.549.2	192.3	3.3
70	.763.032.8	.109.741.5	189.0	3.3
75	.653.291.3	.109.930.5	185.7	3.3
80	.543.360.8	.110.116.1	182.4	3.3
85	.433.244.7	.110.298.5	179.1	3.2
90	.322.946.1	.110.477.7	175.9	3.2
95	.212.468.5	.110.653.6	172.7	3.2
1,800	.101.814.9	.110.826.3	169.6	3.1

p	$R(p)$	$-\Delta_1$	$-\Delta_2$	$+\Delta_3$
	0,987.			
1,805	.990.988.6	.110.995.9	166.5	3.1
10	.879.992.8	.111.162.3	163.4	3.1
15	.768.830.5	.111.325.7	160.3	3.0
20	.657.504.8	.111.486.0	157.3	3.0
25	.546.018.8	.111.643.3	154.3	3.0
30	.434.375.6	.111.797.5	151.3	2.9
35	.322.578.0	.111.948.8	148.4	2.9
40	.210.629.2	.112.097.2	145.5	2.9
45	.098.532.0	.112.242.7	142.6	2.9
	0,986.			
1,850	.986.289.3	.112.385.2	139.7	2.8
55	.873.904.1	.112.525.0	136.9	2.8
60	.761.379.1	.112.661.9	134.1	2.8
65	.648.717.3	.112.796.0	131.3	2.7
70	.535.921.3	.112.927.3	128.6	2.7
75	.422.994.0	.113.055.9	125.9	2.7
80	.309.938.1	.113.181.8	123.2	2.7
85	.196.756.3	.113.305.0	120.5	2.6
90	.083.451.4	.113.425.5	117.9	2.6
	0,985.			
95	.970.025.9	.113.543.4	115.3	2.6
1,900	.856.482.5	.113.658.7	112.7	2.6
05	.742.823.8	.113.771.4	110.1	2.5
10	.629.052.4	.113.881.5	107.6	2.5
15	.515.170.9	.113.989.1	105.1	2.5
20	.401.181.8	.114.094.2	102.6	2.5
25	.287.087.6	.114.196.8	100.2	2.4
30	.172.890.7	.114.297.0	97.7	2.4
35	.058.593.7	.114.394.7	95.3	2.4
	0,984.			
40	994.199.0	.114.490.0	92.9	2.4
45	.829.708.9	.114.583.0	90.6	2.3
1.950	.715.126.0	.114.673.5	88.2	2.3
55	.600.452.5	.114.761.7	85.9	2.3
60	.485.690.7	.114.847.6	83.6	2.3
65	.370.843.1	.114.931.2	81.3	2.3
70	.255.911.9	.115.012.6	79.1	2.2
75	.140.899.3	.115.091.6	76.8	2.2
80	.025.807.7	.115.168.5	74.6	2.2
	0,983.			
85	.910.639.2	.115.243.1	72.5	2.2
90	.795.396.1	.115.315.6	70.3	2.2
95	.680.080.6	.115.385.8	68.1	2.1

p	$R(p)$	$-\Delta_1$	$-\Delta_2$
	0,983.		
2,000	.564.694.7		
2,00	.564.695.	230.974.	256.
1	.333.721.	231.230.	239.
2	.102.491.	.231.469.	223.
	0,982.		
3	.871.022.	.231.692.	207.
4	.639.331.	.231.898.	191.
5	.407.433.	.232.090.	176.
6	.175.343.	.232.265.	161.
	0,981.		
7	.943.078.	.232.426.	146.
8	.710.651.	.232.573.	131.
9	.478.079.	.232.704.	118.
2,10	.245.375.	.232.822.	103.
1	.012.553.	.232.925.	90.
	0,980.		
2	.779.628.	.233.015.	76.
3	.546.613.	.233.091.	63.
4	.313.522.	.233.155.	51.
5	.080.367.	.233.206.	38.
	0,979.		
6	.847.161.	.233.243.	26.
7	.613.918.	.233.269.	14.
8	.380.649.	.233.282.	2.
		Achtung:	$+\Delta_2$
9	.147.367.	.233.284.	10.
	0,978.		
2,20	.914.083.	.233.274.	21.
1	.680.809.	.233.253.	33.
2	.447.556.	.233.220.	44.
3	.214.337.	.233.176.	54.
	0,977.		
4	.981.161.	.233.122.	66.
5	.748.039.	.233.056.	75.
6	.514.983.	.232.981.	85.
7	.282.002.	.232.896.	96.
8	.049.106.	.232.800.	105.
	0,976.		
9	.816.306.	.232.695.	115.

p	$R(p)$	$-\Delta_1$	$+\Delta_2$
	0,976.		
2,30	.583.610.	.232.581.	124.
1	.351.030.	.232.457.	133.
2	.118.573.	.232.323.	142.
	0,975.		
3	.886.250.	.232.181.	151.
4	.654.069.	.232.030.	160.
5	.422.039.	.231.871.	168.
6	.190.168.	.231.703.	177.
	0,974.		
7	.958.465.	.231.526.	184.
8	.726.939.	.231.342.	193.
9	.495.597.	.231.150.	200.
2,40	.264.447.	.230.950.	207.
1	.033.498.	.230.742.	215.
	0,973.		
2	.802.756.	.230.527.	223.
3	.572.229.	.230.304.	230.
4	.341.924.	.230.075.	236.
5	.111.850.	.229.839.	244.
	0,972.		
6	.882.011.	.229.595.	250.
7	.652.415.	.229.345.	257.
8	.423.070.	.229.089.	263.
9	.193.982.	.228.826.	269.
	0,971.		
2,50	.965.156.	.228.556.	275.
1	.736.600.	.228.281.	281.
2	.508.319.	.228.000.	286.
3	.280.319.	.277.714.	296.
4	.052.605.	.227.418.	297.
	0,970.		
5	.825.187.	.227.121.	304.
6	.598.066.	.226.817.	310.
7	.371.249.	.226.507.	315.
8	.144.742.	.226.193.	230.
	0,969.		
9	.918.550.	.225.873.	325.

p	$R(p)$	$-\Delta_1$	$+\Delta_2$
	0,969.		
2,60	.692.677.	.225.548.	330.
1	.467.128.	.225.218.	334.
2	.241.910.	.224.884.	339.
3	.017.026.	.224.545.	344.
	0,968.		
4	.792.481.	.224.201.	348.
5	.568.280.	.223.853.	352.
6	.344.427.	.223.501.	357.
7	.120.926.	.223.144.	361.
	0,967.		
8	.897.782.	.222.783.	364.
9	.675.000.	.222.419.	369.
2,70	.452.581.	.222.049.	373.
1	.230.532.	.221.677.	377.
2	.008.855.	.221.300.	380.
	0,966.		
3	.787.555.	.220.920.	384.
4	.566.634.	.220.537.	387.
5	.346.098.	.220.150.	391.
6	.125.948.	.219.759.	393.
	0,965.		
7	.906.189.	.219.365.	397.
8	.686.823.	.218.969.	400.
9	.467.855.	.218.569.	403.
2,80	.249.286.	.218.166.	406.
1	.031.121.	.217.759.	409.
	0,964.		
2	.813.361.	.217.351.	412.
3	.596.011.	.216.939.	415.
4	.379.072.	.216.524.	417.
5	.162.548.	.216.107.	420.
	0,963.		
6	.946.440.	.215.688.	422.
7	.730.753.	.215.266.	424.
8	.515.487.	.214.841.	427.
9	.300.646.	.214.414.	429.
2,90	.086.232.	.213.985.	431.
	0,962.		
1	.872.247.	.213.554.	423.

p	$R(p)$	$-\Delta_1$	$+\Delta_2$
	0,962.		
2,92	.658.693.	.213.120.	436.
3	.445.573.	.212.685.	437.
4	.232.888.	.212.247.	440.
5	.020.641.	.211.808.	441.
	0,961.		
6	.808.833.	.211.366.	443.
7	.597.467.	.210.923.	445.
8	.386.544.	.210.478.	447.
9	.176.066.	.210.031.	448.
	0,960.		
3,00	.966.034.	.209.583.	450.
1	.756.451.	.209.133.	451.
2	.547.318.	.208.682.	453.
3	.338.636.	208.229..	454.
4	.130.406.	.207.775.	456.
	0,959.		
5	.922.631.	.207.319.	457.
6	.715.312.	.206.863.	458.
7	.508.450.	.206.405.	460.
8	.302.045.	.205.945.	460.
9	.096.100.	.205.485.	462.
	0,958.		
3,10	.890.616.	.205.023.	463.
1	.685.593.	.204.560.	464.
2	.481.033.	.204.097.	465.
3	.276.936.	.203.632.	466.
4	.073.304.	.203.167.	466.
	0,957.		
5	.870.137.	.202.700.	467.
6	.667.437.	.202.233.	468.
7	.465.204.	.201.765.	468.
8	.263.439.	.201.297.	470.
9	.062.143.	.200.827.	470.
	0,956.		
3,20	.861.316.	.200.357.	471.
1	.660.959.	.199.886.	471.
2	.461.073.	.199.415.	472.
3	.261.658.	.198.943.	473.
4	.062.714.	.198.471.	473.
	0,955.		
5	.864.243.	.197.998.	473.

p	$R(p)$	$-\Delta_1$	$+\Delta_2$
	0,955.		
3,26	.666.245.	.197.525.	474.
7	.468.720.	.197.052.	474.
8	.271.668.	.196.578.	475.
9	.075.090.	.196.104.	474.
	0,954.		
3,30	.878.986.	.195.629.	474.
1	.683.357.	.195.155.	475.
2	.488.202.	.194.680.	475.
3	.293.523.	.194.205.	475.
4	.099.318.	.193.729.	475.
	0,953.		
5	.905.589.	.193.254.	475.
6	.712.335.	.192.779.	476.
7	.519.556.	.192.303.	475.
8	.327.253.	.191.828.	476.
9	.135.425.	.191.352.	475.
	0,952.		
3,40	.944.073.	.190.877.	475.
1	.753.196.	.190.401.	475.
2	.562.795.	.189.926.	476.
3	.372.869.	.189.451.	475.
4	.183.418.	.188.976.	475.
	0,951.		
5	.994.443.	.188.501.	475.
6	.805.942.	.188.026.	474.
7	.617.916.	.187.552.	475.
8	.430.364.	.187.077.	474.
9	.243.287.	.186.603.	474.
3,50	.056.684.	.186.129.	473.
	0,950.		
1	.870.554.	.185.656.	473.
2	.684.899.	.185.183.	473.
3	.499.716.	184.710.	472.
4	.315.006.	.184.238.	472.
5	.130.768.	.183.766.	472.
	0,949.		
6	.947.002.	.183.294.	471.
7	.763.708.	.182.823.	471.
8	.580.885.	.182.352.	470.
9	.398.533.	.181.882.	470.

p	R(p)	$-\Delta_1$	$+\Delta_2$
	0,949.		
3,60	.216.651.	.181.412.	469.
1	.035.238.	.180.943.	469.
	0,948.		
2	.854.295.	.180.474.	468.
3	.673.821.	.180.006.	468.
4	.493.815.	.179.539.	467.
5	.314.276.	.179.071.	466.
6	.135.205.	.178.605.	466.
	0,947.		
7	.956.600.	.178.139.	465.
8	.778.461.	.177.674.	465.
9	.600.787.	.177.209.	464.
3,70	.423.577.	.176.746.	463.
1	.246.832.	.176.282.	463.
2	.070.550.	.175.820.	462.
	0,946.		
3	.894.730.	.175.358.	461.
4	.719.372.	.174.897.	461.
5	.544.475.	.174.436.	460.
6	.370.039.	.173.977.	459.
7	.196.063.	.173.518.	458.
8	.022.545.	.173.059.	457.
	0,945.		
9	.849.486.	.172.602.	457.
3,80	.676.884.	.172.145.	456.
1	.504.738.	.171.689.	455.
2	.333.049.	.171.235.	455.
3	.161.814.	.170.780.	453.
	0,944.		
4	.991.034.	.170.327.	452.
5	.820.707.	.169.875.	452.
6	.650.832.	.169.423.	451.
7	.481.409.	.168.972.	450.
8	.312.438.	.168.522.	449.
9	.143.916.	.168.073.	448.
	0,943.		
3,90	.975.843.	.167.625.	448.
1	.808.218.	.167.177.	446.
2	.641.040.	.166.731.	445.
3	.474.309.	.166.286.	444.
4	.308.024.	.165.841.	444.

p	R(p)	$-\Delta_1$	$+\Delta_2$
	0,943.		
3,95	.142.182.	.165.398.	443.
	0,942		
6	.976.785.	.164.955.	442.
7	.811.830.	.164.513.	441.
8	.647.316.	.164.073.	440.
9	.483.244.	.163.633.	439.
4,00	.319.611.	.163.194.	438.
1	.156.417.	.162.756.	437.
	0,941.		
2	.993.661.	.162.319.	436.
3	.831.341.	.161.884.	435.
4	.669.458.	.161.449.	434.
5	.508.009.	.161.015.	433.
6	.346.995.	.160.582.	432.
7	.186.413.	.160.150.	431.
8	.026.263.	.159.719.	430.
	0,940		
9	.866.544.	.159.289.	429.
4,10	.707.254.	.158.861.	428.
1	.548.394.	.158.433.	426.
2	.389.961.	.158.006.	426.
3	.231.955.	.157.581.	425.
4	.074.374.	.157.156.	423.
	0,939.		
5	.917.218.	.156.732.	423.
6	.760.486.	.156.310.	421.
7	.604.176.	.155.888.	420.
8	.448.288.	.155.468.	419.
9	.292.820.	.155.049.	418.
4,20	.137.771.	.154.631.	417.
	0,938.		
1	.983.141.	.154.213.	416.
2	.828.927.	.153.797.	415.
3	.675.130.	.153.382.	414.
4	.521.748.	.152.968.	413.
5	.368.780.	.152.555.	412.
6	.216.224.	.152.144.	411.
7	.064.081.	.151.733.	409.
	0,937.		
8	.912.348.	.151.324.	409.
9	.761.024.	.150.915.	407.

p	$R(p)$	$-\Delta_1$	$+\Delta_2$
	0,937.		
4,30	.610.109.	.150.508.	407.
1	.459.602.	.150.101.	405.
2	.309.501.	.149.696.	404.
3	.159.804.	.149.292.	403.
4	.010.512.	.148.889.	402.
	0,936.		
5	.861.623.	.148.487.	400.
6	.713.136.	.148.087.	400.
7	.565.049.	.147.687.	398.
8	.417.362.	.147.289.	398.
9	.270.074.	146.891.	396.
4,40	.123.183.	.146.495.	395.
	0,935.		
1	.976.688.	146.100.	394.
2	.830.589.	.145.706.	393.
3	.684.883.	.145.313.	392.
4	.539.571.	.144.921.	391.
5	.394.650.	.144.530.	390.
6	.250.120.	.144.141.	389.
7	.105.979.	.143.752.	387.
	0,934.		
8	.962.227.	.143.365.	386.
9	.818.863.	.142.979.	385.
4,50	.675.884.	.142.593.	384.
1	.533.291.	.142.209.	383.
2	.391.081.	.141.827.	382.
3	.249.255.	.141.445.	381.
4	.107.810.	141.064.	380.
	0,933.		
5	.966.746.	.140.684.	377.
6	.826.062.	.140.307.	378.
7	.685.755.	.139.929.	376.
8	.545.826.	.139.553.	375.
9	.406.272.	.139.178.	374.
4,60	.267.095.	.138.804.	373.
1	.128.290.	.138.432.	372.
	0,932.		
2	.989.859.	.138.060.	371.
3	.851.799.	.137.689.	370.
4	.714.110.	.137.320.	368.

p	$R(p)$	$-\Delta_1$	$+\Delta_2$
	0,932		
4,65	.576.791.	.136.952.	367.
6	.439.839.	.136.584.	366.
7	.303.255.	.136.218.	365.
8	.167.037.	.135.853.	364.
9	.031.183.	.135.489.	363.
	0,931.		
4,70	.895.694.	.135.127.	362.
1	.760.567.	.134.765.	361.
2	.625.802.	.134.405.	359.
3	.491.398.	.134.045.	358.
4	.357.352.	.133.687.	357.
5	.223.666.	.133.330.	356.
6	.090.336.	.132.974.	355.
	0.930.		
7	.957.362.	.132.619.	354.
8	.824.744.	.132.265.	353.
9	.692.479.	.131.912.	352.
4,80	.560.567.	.131.560.	351.
1	.429.007.	.131.210.	349.
2	.297.797.	.130.860.	349.
3	.166.937.	.130.512.	347.
4	.036.425.	130.165..	346.
	0,929.		
5	.906.260.	.129.818.	345.
6	.776.442.	.129.473.	344.
7	.646.969.	.129.129.	343.
8	.517.840.	.128.786.	342.
9	.389.054.	.128.444.	341.
4,90	.260.609.	.128.104.	340.
1	.132.506.	.127.764.	339.
2	.004.742.	.127.425.	338.
	0,928.		
3	.877.317.	.127.088.	336.
4	.750.229.	.126.751.	336.
5	.623.478.	.126.416.	334.
6	.497.063.	.126.081.	333.
7	.330.981.	.125.748.	332.
8	.245.233.	.125.416.	331.
9	.119.817.	.125.085.	330.

p	$R(p)$	$-\Delta_1$	$+\Delta_2$
	0,927.		
5,00	.994.733.	.124.755.	329.
1	.869.978.	.124.126.	328.
2	.745.552.	.124.098.	327.
3	.621.455.	.123.771.	326.
4	.497.684.	123.445.	325.
5	.374.240.	.123.120.	324.
6	.251.120.	.122.796.	323.
7	.128.324.	.122.473.	322.
8	.005.850.	.122.152.	321.
	0,926.		
9	.883.699.	.121.831.	320.
5,10	.761.868.	.121.511.	319.
1	.640.356.	.121.193.	317.
2	.519.163.	.120.875.	317.
3	.398.288.	.120.559.	315.
4	.277.729.	.120.243.	315.
5	.157.486.	.119.929.	313.
6	.037.558.	.119.615.	312.
	0,925.		
7	.917.942.	.119.303.	312.
8	.798.640.	.118.991.	310.
9	.679.648.	.118.681.	309.
5,20	.560.967.	.118.372.	309.
1	.442.596.	.118.063.	307.
2	.324.533.	.117.756.	306.
3	.206.777.	.117.450.	306.
4	.089.327.	.117.144.	304.
	0,924.		
5	.972.184.	.116.840.	303.
6	.855.344.	.116.536.	303.
7	.738.808.	.116.234.	301.
8	.622.574.	.115.932.	300.
9	.506.642.	.115.632.	299.
5,30	.391.011.	.115.333.	298.
1	.275.677.	.115.034.	298.
2	.160.643.	.114.737.	297.
3	.045.907.	.114.440.	296.
	0,923.		
4	.931.467.	.114.145.	294.
5	.817.322.	.113.850.	294.

p	$R(p)$	$-\Delta_1$	$+\Delta_2$
	0,923.		
5,36	.703.472.	.113.556.	293.
7	.589.916.	.113.264.	292.
8	.476.652.	.112.972.	291.
9	.363.680.	.112.682.	290.
5,40	.250.998.	.112.392.	289.
1	.138.607.	.112.103.	288.
2	.026.504.	.111.815.	287.
	0,922.		
3	.914.689.	.111.528.	286.
4	.803.161.	.111.242.	285.
5	.691.919.	.110.957.	284.
6	.580.962.	.110.673.	283.
7	.470.289.	.110.390.	282.
8	.359.899.	.110.108.	281.
9	.249.791.	.109.827.	280.
5,50	.139.965.	.109.546.	280.
1	.030.419.	.109.267.	278.
	0,921.		
2	.921.152.	.108.988.	278.
3	.812.164.	.108.710.	277.
4	.703.454.	.108.434.	276.
5	.595.020.	.108.158.	275.
6	.486.861.	.107.883.	274.
7	.378.978.	.107.609.	273.
8	.271.369.	.107.336.	272.
9	.164.033.	.107.064.	271.
5,60	.056.968.	.106.793.	270.
	0,920.		
1	.950.175.	.106.523.	270.
2	.843.653.	.106.253.	268.
3	.737.400.	.105.985.	268.
4	.631.415.	.105.717.	266.
5	.525.698.	.105.450.	266.
6	.420.248.	.105.184.	265.
7	.315.063.	.104.919.	264.
8	.210.144.	.104.655.	263.
9	.105.489.	.104.392.	263.
5,70	.001.097.	.104.130.	262.
	0,919.		
1	.896.967.	.103.868.	261.

p	R(p)	$-\Delta_1$	$+\Delta_2$
	0,919.		
5,72	.793.099.	.103.607.	260.
3	.689.492.	.103.348.	259.
4	.586.144.	.103.089.	258.
5	.483.056.	.102.831.	257.
6	.380.225.	.102.573.	256.
7	.277.652.	.102.317.	256.
8	.175.335.	.102.061.	254.
9	.073.274.	.101.807.	254.
	0,918.		
5,80	.971.467.	.101.553.	253.
1	.869.914.	.101.300.	252.
	.768.615.	.101.048.	251.
3	.667.567.	.100.796.	251.
4	.566.771.	.100.546.	250.
5	.466.225.	.100.296.	249.
6	.365.929.	.100.047.	248.
7	.265.882.	99.799.	247.
8	.166.083.	99.552.	247.
9	.066.531.	99.306.	246.
	0,917.		
5,90	.967.225.	99.060.	245.
1	.868.165.	98.815.	244.
2	.769.350.	98.571.	243.
3	.670.779.	98.328.	242.
4	.572.451.	98.086.	242.
5	.474.365.	97.844.	241.
6	.376.521.	97.603.	240.
7	.278.918.	97.363.	239.
8	.181.554.	97.124.	238.
9	.084.430.	96.886.	238.
	0,916		
6,00	.987.544.	96.648.	237.
1	.890.896.	96.412.	236.
2	.794.485.	96.175.	235.
3	.698.309.	95.940.	235.
4	.602.369.	95.706.	234.
5	.506.664.	95.472.	233.
6	.411.192.	95.239.	232.
7	.315.953.	95.007.	232.
8	.220.946.	94.775.	231.
9	.126.171.	94.545.	230.

p	R(p)	$-\Delta_1$	$+\Delta_2$
6,10.	.031.627.	94.315.	229.
	0,915.		
1	.937.312.	94.086.	229.
2	.843.227.	93.857.	228.
3	.749.370.	93.630.	227.
4	.655.740.	93.403.	226.
5	.562.338.	93.176.	225.
6	.469.161.	92.951.	225.
7	.376.210.	92.726.	224.
8	.283.484.	92.503.	223.
9	.190.982.	92.279.	223.
6,20	.098.703.	92.057.	222.
1	.006.646.	91.835.	221.
	0,914.		
2	.914.811.	91.614.	220.
3	823.198.	91.394.	220.
4	.731.804.	91.174.	219.
5	.640.630.	90.955.	218.
6	.549.675.	90.737.	217.
7	.458.938.	90.520.	217.
8	.368.419.	90.303.	216.
9	.278.116.	90.087.	215.
6,30	.188.029.	89.871.	215.
1	.098.158.	89.657.	214.
2	.008.501.	89.443.	213.
	0,913.		
3	.919.058.	89.230.	212.
4	.829.828.	89.017.	212.
5	.740.811.	88.805.	211.
6	.652.006.	88.594.	211.
7	.563.412.	88.384.	210.
8	.475.028.	88.174.	209.
9	.386.854.	87.965.	208.
6,40	.298.889.	87.757.	208.
1	.211.133.	87.549.	207.
2	.123.584.	87.342.	206.
3	.036.242.	87.135.	206.
	0,912.		
4	.949.107.	86.929.	205.
5	.862.178.	86.725.	205.
6	.775.453.	86.520.	204.

p	$R(p)$	$-\Delta_1$	$+\Delta_2$
	0,912.		
6,47	.688.933.	86.317.	203.
8	.602.616.	86.113.	203.
9	.516.503.	85.911.	202.
6,50	.430.592.	85.709.	201.
1	.344.883.	85.508.	201.
2	.259.375.	85.308.	200.
3	.174.067.	85.108.	199.
4	.088.959.	84.909.	199.
5	.004.051.	84.710.	198.
	0,911		
6	.919.341.	84.512.	197.
7	.834.828.	84.315.	197.
8	.750.513.	84.119.	196.
9	.666.394.	83.923.	195.
6,60	.582.472.	83.727.	195.
1	.498.745.	83.532.	194.
2	.415.213.	83.338.	194.
3	.331.874.	83.145.	193.
4	.248.729.	82.952.	193.
5	.165.777.	82.760.	191.
6	.083.017.	82.568.	191.
7	.000.449.	82.377.	190.
	0,910.		
8	.918.072.	82.187.	190.
9	.835.885.	81.997.	189.
6,70	.753.888.	81.808.	188.
1	.672.080.	81.620.	188.
2	.590.460.	81.431.	187.
3	.509.029.	81.244.	187.
4	.427.785.	81.057.	186.
5	.346.727.	80.871.	186.
6	.265.856.	80.686.	185.
7	.185.170.	80.501.	184.
8	.104.670.	80.316.	184.
9	.024.353.	80.133.	183.
	0,909.		
6,80	.944.221.	79.949.	183.
1	.864.271.	79.767.	182.
2	.784.505.	79.585.	182.
3	.704.920.	79.403.	181.
4	.625.517.	79.223.	181.

p	$R(p)$	$-\Delta_1$	$+\Delta_2$
	0,909.		
6,85	.546.294.	79.042.	180.
6	.467.252.	78.862.	179.
7	.388.390.	78.683.	179.
8	.309.707.	78.505.	178.
9	.231.202.	78.327.	178.
6,90	.152.876.	78.149.	177.
1	.074.727.	77.972.	176.
	0,908.		
2	.996.755.	77.796.	176.
3	.918.959.	77.620.	175.
4	.841.339.	77.445.	175.
5	.763.894.	77.270.	174.
6	.686.624.	77.096.	174.
7	.609.528.	76.922.	173.
8	.532.606.	76.749.	173.
9	.455.856.	76.577.	172.
7,00	.379.279.	76.405.	171.
1	.302.875.	76.234.	171.
2	.226.641.	76.063.	171.
3	.150.578.	75.892.	170.
4	.074.686.	75.722.	169.
	0,907.		
5	.998.964.	75.553.	169.
6	.923.410.	75.384.	168.
7	.848.026.	75.216.	168.
8	.772.810.	75.089.	167.
9	.697.761.	74.881.	167.
7,10	.622.880.	74.715.	166.
1	.548.165.	74.549.	165.
2	.473.616.	74.383.	165.
3	.399.233.	74.218.	165.
4	.325.015.	74.053.	164.
5	.250.961.	73.889.	164.
6	.177.072.	73.726.	163.
7	.103.346.	73.563.	163.
8	.029.783.	73.400.	162.
	0,906.		
9	.956.383.	73.238.	161.

p	R(p)	$-\Delta_1$	$+\Delta_2$
	0,906.		
7,20	.883.144.	73.077.	161.
1	.810.068.	72.916.	161.
2	.737.152.	72.755.	160.
3	.664.396.	72.595.	159.
4	.591.801.	72.436.	159.
5	.519.356.	72.277.	159.
6	.447.088.	72.118.	158.
7	.374.970.	71.960.	157.
8	.303.010.	71.803.	157.
9	.231.207.	71.646.	157.
7,30	.159.562.	71.489.	156.
1	.088.073.	71.333.	156.
2	.016.740.	71.177.	155.
	0,905.		
3	.945.562.	71.022.	155.
4	.874.540.	70.868.	154.
5	.803.672.	70.713.	154.
6	.732.959.	70.560.	153.
7	.662.400.	70.407.	153.
8	.591.993.	70.254.	153.
9	.521.739.	70.101.	152.
7,40	.451.638.	69.950.	151.
1	.381.688.	69.798.	151.
2	.311.890.	69.647.	151.
3	.242.243.	69.497.	150.
4	.172.746.	69.347.	150.
5	.103.399.	69.197.	149.
6	.034.202.	69.049.	149.
	0,904.		
7	.965.153.	68.900.	148.
8	.896.254.	68.752.	148.
9	.827.502.	68.604.	147.
7,50	.758.898.	68.457.	147.
1	.690.441.	68.310.	146.
2	.622.132.	68.164.	146.
3	.553.968.	68.018.	145.
4	.485.951.	67.872.	145.
5	.418.078.	67.727.	145.
6	.350.351.	67.583.	144.
7	.282.769.	67.438.	144.
8	.215.330.	67.295.	143.
9	.148.036.	67.151.	143.

p	R(p)	$-\Delta_1$	$+\Delta_2$
	0,904.		
7,60	.080.884.	67.009.	142.
1	.013.876.	66.866.	142.
	0,903.		
2	.947.010.	66.724.	142.
3	.880.286.	66.583.	141.
4	.813.703.	66.442.	141.
5	.747.261.	66.301.	140.
6	.680.961.	66.161.	140.
7	.614.800.	66.021.	140.
8	.548.780.	65.881.	139.
9	.482.898.	65.742.	139.
7,70	.417.156.	65.604.	138.
1	.351.553.	65.466.	138.
2	.286.087.	65.328.	137.
3	.220.759.	65.190.	137.
4	.155.569.	65.054.	137.
5	.090.516.	64.917.	136.
6	.025.599.	64.781.	136.
	0,902.		
7	.960.818.	64.645.	135.
8	.896.173.	64.510.	135.
9	.831.663.	64.375.	135.
7,80	.767.288.	64.240.	134.
1	.703.048.	64.106.	133.
2	.638.942.	63.973.	134.
3	.574.969.	63.839.	133.
4	.511.130.	63.706.	133.
5	.447.423.	63.574.	132.
6	.383.850.	63.442.	132.
7	.320.408.	63.310.	131.
8	.257.098.	63.179.	131.
9	.193.919.	63.048.	131.
7,90	.130.872.	62.917.	130.
1	.067.955.	62.787.	130.
2	.005.168.	62.657.	130.
	0,901.		
3	.942.510.	62.528.	129.
4	.879.983.	62.399.	129.
5	.817.584.	62.270.	128.
6	.755.314.	62.142.	128.

p	$R(p)$	$-\Delta_1$	$+\Delta_2$
	0,901.		
7,97	.693.172.	62.014.	127.
8	.631.158.	61.887.	127.
9	.569.271.	61.759.	127.
8,00	.507.512.	61.633.	127.
1	.445.879.	61.506.	126.
2	.384.373.	61.380.	126.
3	.322.993.	61.255.	125.
4	.261.738.	61.129.	125.
5	.200.609.	61.004.	124.
6	.139.605.	60.880.	124.
7	.078.725.	60.756.	124.
8	.017.969.	60.632.	124.
	0,900.		
9	.957.337.	60.508.	123.
8,10	.896.829.	60.385.	123.
1	.836.444.	60.263.	122.
2	.776.181.	60.140.	122.
3	.716.041.	60.018.	122.
4	.656.023.	59.897.	122.
5	.596.126.	59.775.	121.
6	.536.351.	59.654.	121.
7	.476.697.	59.534.	120.
8	.417.163.	59.413.	120.
9	.357.750.	59.293.	120.
8,20	.298.456.	59.174.	119.
1	.239.282.	59.055.	119.
2	.180.228.	58.936.	118.
3	.121.292.	58.817.	118.
4	.062.475.	58.699.	118.
5	.003.775.	58.581.	118.
	0,899.		
6	.945.194.	58.464.	117.
7	.886.730.	58.347.	117.
	.828.384.	58.230.	116.
9	.770.154.	58.113.	116.
8,30	.712.041.	57.997.	116.
1	.654.044.	57.882.	116.
2	.596.162.	57.766.	115.
3	.538.396.	57.651.	115.
4	.480.745.	57.536.	114.

p	$R(p)$	$-\Delta_1$	$+\Delta_2$
	0,999.		
8,35	.423.210.	57.421.	114.
6	.365.788.	57.307.	114.
7	.308.481.	57.193.	114.
8	.251.288.	57.080.	113.
9	.194.208.	56.967.	113.
8,40	.137.241.	56.854.	113.
1	.080.387.	56.741.	112.
2	.023.646.	56.630.	113.
	0,898.		
3	.967.017.	56.517.	111.
4	.910.500.	56.406.	111.
5	.854.094.	56.294.	111.
6	.797.800.	56.183.	111.
7	.741.617.	56.073.	111.
8	.685.544.	55.962.	110.
9	.629.582.	55.852.	110.
8,50	.573.729.	55.743.	109.
1	.517.987.	55.633.	109.
2	.462.354.	55.524.	109.
3	.406.829.	55.415.	108.
4	.351.414.	55.307.	108.
5	.296.107.	55.199.	108.
6	.240.908.	55.091.	108.
7	.185.817.	54.983.	107.
8	.130.834.	54.876.	107.
9	.075.958.	54.769.	107.
8,60	.021.189.	54.663.	106.
	0,897.		
1	.966.526.	54.556.	106.
2	.911.970.	54.450.	106.
3	.857.520.	54.345.	106.
4	.803.175.	54.239.	105.
5	.748.936.	54.134.	105.
6	.694.802.	54.029.	105.
7	.640.773.	53.924.	104.
8	.586.849.	53.820.	104.
9	.533.029.	53.716.	104.
8,70	.479.313.	53.612.	103.
1	.425.700.	53.509.	103.
2	.372.191.	53.406.	103.
3	.318.785.	53.303.	102.

p	$R(p)$	$-\Delta_1$	$+\Delta_2$
	0,897.		
8,74	.265.482.	53.201.	102.
5	.212.282.	53.098.	102.
6	.159.183.	52.996.	102.
7	.106.187.	52.895.	102.
8	.053.292.	52.793.	101.
9	.000.499.	52.692.	101.
	0,896.		
8.80	.947.807.	52.591.	101.
1	.895.215.	52.491.	100.
2	.842.725.	52.391.	100.
3	.790.334.	52.290.	100.
4	.738.044.	52.191.	100.
5	.685.853.	52.091.	99.
6	.633.762.	51.992.	99.
7	.581.770.	51.893.	99.
8	.529.877.	51.795.	98.
9	.478.082.	51.696.	98.
8,90	.426.386.	51.598.	98.
1	.374.788.	51.500.	98.
2	.323.288.	51.403.	97.
3	.271.885.	51.305.	97.
4	.220.580.	51.208.	96.
5	.169.372.	51.112.	97.
6	.118.260.	51.015.	96.
7	.067.245.	50.919.	96.
8	.016.326.	50.823.	96.
	0,895.		
9	.965.503.	50.727.	95.
9,00	.914.776.	50.632.	95.
1	.864.144.	50.537.	95.
2	.813.607.	50.442.	95.
3	.763.166.	50.347.	94.
4	.712.819.	50.253.	94.
5	.662.566.	50.159.	94.
6	.612.408.	50.065.	94.
7	.562.343.	49.971.	93.
8	.512.372.	49.878.	93.
9	.462.494.	49.784.	93.
9,10	.412.710.	49.692.	92.
1	.363.019.	49.599.	93.
2	.313.420.	49.506.	92.

p	$R(p)$	$-\Delta_1$	$+\Delta_2$
	0,895.		
9,13	.263.913.	49.414.	92.
4	.214.499.	49.323.	92.
5	.165.176.	49.231.	92.
6	.115.945.	49.140.	91.
7	.066.806.	49.048.	91.
8	.017.757.	48.957.	90.
	0,894.		
9	.968.800.	48.867.	90.
9,20	.919.933.	48.777.	90.
1	.871.156.	48.686.	90.
2	.822.470.	48.597.	90,
3	.773.873.	48.507.	89.
4	725..367.	48.417.	89.
5	.676.950.	48.328.	89.
6	.628.622.	48.239.	89.
7	.580.382.	48.150.	88.
8	.532.232.	48.062.	88.
9	.484.170.	47.974.	88.
9,30	.436.196.	47.886.	88.
1	.388.311.	47.798.	87.
2	.340.513.	47.710.	87.
3	.292.802.	47.623.	87.
4	.245.179.	47.536.	87.
5	.197.643.	47.449.	87.
6	.150.194.	47.363.	87.
7	.102.832.	47.276.	86.
8	.055.555.	47.190.	86.
9	.008.365.	47.104.	86.
	0,893.		
9,40	.961.261.	47.018.	86.
1	.914.243.	46.933.	85.
2	.867.310.	46.848.	85.
3	.820.462.	46.763.	85.
4	.773.700.	46.678.	85.
5	.727.022.	46.593.	84.
6	.680.428.	46.509.	84.
7	.633.919.	46.425.	84.
8	.587.495.	46.341.	84.
9	.541.154.	46.257.	83.
9,50	.494.896.	46.174.	83.
1	.448.723.	46.091.	83.
2	.402.632.	46.008.	83.

p	$R(p)$	$-\Delta_1$	$+\Delta_2$
	0,893.		
9,53	.356.625.	45.925.	83.
4	.310.700.	45.842.	82.
5	.264.858.	45.760.	82.
6	.219.098.	45.678.	82.
7	.173.420.	45.596.	82.
8	.127.824.	45.514.	82.
9	.082.311.	45.432.	81.
9,60	.036.878.	45.351.	81.
	0,892.		
1	.991.527.	45.270	81.
2	.946.257.	45.189.	81.
3	.901.068.	45.109.	81.
4	.855.960.	45.028.	80.
5	.810.932.	44.948.	80.
6	.765.984.	44.868.	80.
7	.721.116.	44.788.	80.
8	.676.328.	44.708.	80.
9	.631.620.	44.629.	79.
9,70	.586.991.	44.550.	79.
1	.542.441.	44.471.	79.
2	.497.971.	44.392.	79.
3	.453.579.	44.313.	79.
4	.409.266.	44.235.	78.
5	.365.031.	44.157.	78.
6	.320.874.	44.079.	78.
7	.276.795.	44.001.	78.
8	.232.795.	43.923.	77.
9	.188.871.	43.846.	77.
9,80	.145.025.	43.769.	77.
1	.101.257.	43.692.	77.
2	.057.565.	43.615.	77.
3	.013.950.	43.538.	76.
	0,891.		
4	.970.412.	43.462.	76.
5	.926.950.	43.386.	76.
6	.883.564.	43.310.	76.
7	.840.254.	43.234.	76.
8	.797.020.	43.158.	76.
9	.753.862.	43.083.	75.
9,90	.710.779.	43.008.	75.
1	.667.772.	42.933.	75.

p	$R(p)$	$-\Delta_1$	$+\Delta_2$
	0,891.		
9,92	.624.839.	42.858.	75.
3	.581.982.	42.783.	74.
4	.539.199.	42.709.	74.
5	.496.490.	42.634.	74.
6	.453.856.	42.560.	74.
7	.411.296.	42.486.	74.
8	.368.809.	42.413.	74.
9	.326.397.	42.339.	73.
10,00	.284.058.	42.266.	73.
1	.241.792.	42.193.	73.
2	.199.599.	42.120.	73.
3	.157.480.	42.047.	72.
4	.115.433.	41.974.	73.
5	.073.459.	41.902.	72.
6	.031.557.	41.830.	72.
	0,890.		
7	.989.728.	41.758.	72.
8	.947.970.	41.685.	71.
9	.906.285.	41.614.	72.
10,10	.864.671.	41.542.	71.
1	.823.128.	41.471.	71.
2	.781.657.	41.400.	71.
3	.740.258.	41.329.	71.
4	.698.929.	41.258.	70.
5	.657.671.	41.188.	71.
6	.616.483.	41.117.	70.
7	.575.366.	41.047.	70.
8	.534.319.	40.977.	70.
9	.493.343.	40.907.	70.
10,20	452.436.	40.837.	69.
1	.411.599.	40.768.	70.
2	.370.832.	40.698.	69.
3	.330.134.	40.629.	69.
4	.289.505.	40.560.	69.
5	.248.945.	40.491.	69.
6	.208.454.	40.422.	68.
7	.168.032.	40.354.	69.
8	.127.678.	40.285.	68.
9	.087.393.	40.217.	68.
10,30	.047.176.	40.149.	68.

p	$R(p)$	$-\Delta_1$	$+\Delta_2$
	0,890.		
10,31	.007.027.	40.081.	68.
	0,889.		
2	.966.946.	40.014.	68.
3	.926.932.	39.946.	67.
4	.886.986.	39.879.	67.
5	.847.108.	39.811.	67.
6	.807.296.	39.744.	67.
7	.767.552.	39.678.	67.
8	.727.875.	39.611.	67.
9	.688.264.	39.544.	66.
10,40	.648.719.	39.478.	66.
1	.609.241.	39.412.	66.
2	.569.830.	39.346.	66.
3	.530.484.	39.280.	66.
4	.491.204.	39.214.	65.
5	.451.990.	39.149.	65.
6	.412.842.	39.083.	65.
7	.373.758.	39.018.	65.
8	.334.740.	38.953.	65.
9	.295.788.	38.788.	65.
10,50	.256.900.	38.823.	64.
1	.218.077.	38.759.	65.
2	.179.318.	38.694.	64.
3	.140.624.	38.630.	64.
4	.101.994.	38.566.	64.
5	.063.428.	38.502.	64.
6	.024.927.	38.438.	64.
	0,888.		
7	.986.489.	38.374.	64.
8	.948.114.	38.311.	63.
9	.909.804.	38.248.	63.
10,60	.871.556.	38.184.	63.
1	.833.372.	38.121.	63.
2	.795.251.	38.058.	63.
3	.757.193.	37.996.	63.
4	.719.197.	37.933.	63.
5	.681.264.	37.870.	62.
6	.643.394.	37.808.	62.
7	.605.585.	37.746.	62.
8	.567.839.	37.684.	62.
9	.530.155.	37.622.	62.
	0,888.		
10,70	.492.533.	37.561.	62.
1	.454.973.	37.499.	62.
2	.417.474.	37.438.	61.
3	.380.036.	37.376.	61.
4	.342.659.	37.315.	61.
5	.305.344.	37.254.	60.
6	.268.090.	37.194.	61.
7	.230.896.	37.133.	60.
8	.193.764.	37.072.	60.
9	.156.691.	37.012.	60.
10,80	.119.679.	36.952.	60.
1	.082.727.	36.892.	60.
2	.045.836.	36.832.	60.
3	.009.004.	36.772.	60.
	0,887.		
4	.972.232.	36.712.	60.
5	.935.520.	36.653.	59.
6	898.867.	36.594.	59.
7	.862.273.	36.534.	59.
8	.825.739.	36.475.	59.
9	.789.264.	36.416.	59.
10,90	.752.848.	36.357.	59.
1	.716.491.	36.299.	59.
2	.680.192.	26.240.	58.
3	.643.952.	26.182.	58.
4	.607.770.	36.124.	58.
5	.571.646.	36.066.	58.
6	.535.581.	36.007.	58.
7	.499.574.	35.950.	58.
8	.463.624.	35.892.	58.
9	.427.732.	35.834.	58.
11,00	.391.898.	35.777.	57.
1	.356.121.	35.720.	57.
2	.320.401.	35.663.	57.
3	.284.739.	35.605.	57.
4	.249.133.	35.549.	57.
5	.213.585.	35.492.	57.
6	.178.093.	35.435.	57.
7	.142.658.	35.379.	57.
8	.107.279.	35.322.	56.
9	.071.957.	35.266.	56.

p	$R(p)$	$-\Delta_1$	$+\Delta_2$
	0,887.		
11,10	.036.691.	35.210.	56.
1	.001.481.	35.154.	56.
	0,886.		
2	.966.327.	35.098.	56.
3	.931.228.	35.043.	56.
4	.896.186.	34.987.	56.
5	.861.199.	34.931.	55.
6	.826.268.	34.876.	55.
7	.791.391.	34.821.	55.
8	.756.570.	34.766.	55.
9	.721.804.	34.711.	55.
11,20	.687.093.	34.656.	55.
1	.652.437.	34.601.	55.
2	.617.836.	34.547.	54.
3	.583.289.	34.493.	54.
4	.548.796.	34.438.	54.
5	.514.358.	34.384.	54.
6	.479.974.	34.330.	54.
7	.445.644.	34.276.	54.
8	.411.368.	34.222.	54.
9	.377.145.	34.169.	53.
11,30	.342.977.	34.115.	54.
1	.308.862.	34.062.	53.
2	.274.800.	34.008.	53.
3	.240.792.	33.955.	53.
4	.206.836.	33.902.	53.
5	.172.934.	33.849.	53.
6	.139.085.	33.797.	53.
7	.105.288.	33.744.	53.
8	.071.545.	33.691.	53.
9	.037.853.	33.639.	52.
11,40	.004.215.	33.587.	52.
	0,885.		
1	.970.628.	33.534.	52.
2	.937.094.	33.482.	52.
3	.903.612.	33.430.	52.
4	.870.182.	33.378.	52.
5	.836.804.	33.327.	52.
6	.803.477.	33.275.	51.
7	.770.202.	33.224.	52.
8	.736.979.	33.172.	51.
9	.703.806.	33.121.	51.

p	$R(p)$	$-\Delta_1$	$+\Delta_2$
	0,885.		
11,50	.670.686.	33.070.	51.
1	.637.616.	33.019.	51.
2	.604.597.	32.968.	51.
3	.571.630.	32.917.	51.
4	.538.713.	32.866.	51.
5	.505.847.	32.816.	50.
6	.473.031.	32.765.	50.
7	.440.266.	32.715.	50.
8	.407.551.	32.665.	50.
9	.374.886.	32.615.	50.
11,60	.342.271.	32.565.	50.
1	.309.707.	32.515.	50.
2	.277.192.	32.465.	50.
3	.244.727.	32.415.	50.
4	.212.312.	32.366.	50.
5	.179.946.	32.316.	50.
6	.147.630.	32.267.	49.
7	.115.363.	32.218.	49.
8	.083.145.	32.169.	49.
9	.050.977.	32.120.	49.
11,70	.018.857.	32.071.	49.
	0,884.		
1	.986.786.	32.022.	49.
2	.954.764.	31.973.	49.
3	.922.791.	31.925.	48.
4	.890.866.	31.876.	49.
5	.858.990.	31.828.	48.
6	.827.162.	31.780.	48.
7.	.795.382.	31.732.	48.
8	.763.651.	31.684.	48.
9	.731.967.	31.636.	48.
11,80	.700.331.	31.588.	48.
1	.668.743.	31.540.	47.
2	.637.203.	31.493.	48.
3	.605.710.	31.445.	47.
4	.574.265.	31.398.	47.
5	.542.868.	31.351.	47.
6	.511.517.	31.303.	47.
7	.480.214.	31.256.	47.
8	.448.957.	31.209.	47.
9	.417.748.	31.163.	47.

p	$R(p)$	$-\Delta_1$	$+\Delta_2$
	0,884.		
11,90	.386.586.	31.116.	47.
1	.355.470.	31.069.	46.
2	.324.401.	31.022.	47.
3	.293.378.	30.976.	46.
4	.262.402.	30.930.	46.
5	.231.472.	30.884.	46.
6	.200.589.	30.837.	46.
7	.169.751.	30.791.	46.
8	.138.960.	30.745.	46.
9	.108.215.	30.700.	46.
12,00	.077.515.	30.654.	46.
1	.046.861.	30.608.	46.
2	.016.253.	30.563.	45.
	0,883.		
3	.985.690.	30.517.	46.
4	.955.173.	30.472.	45.
5	.924.701.	30.427.	45.
6	.894.274.	30.382.	45.
7	.863.892.	30.337.	45.
8	.833.556.	30.292.	45.
9	.803.264.	30.247.	45.
12,10	.773.017.	30.202.	45.
1	.742.815.	30.157.	44.
2	.712.658.	30.113.	45.
3	.682.545.	30.068.	44.
4	.652.476.	30.024.	44.
5	.622.452.	29.980.	44.
6	.592.472.	29.936.	44.
7	.562.537.	29.892.	44.
8	.532.645.	29.848.	44.
9	.502.797.	29.804.	44.
12,20	.472.994.	29.760.	44.
1	.443.233.	29.716.	44.
2	.413.517.	29.673.	43.
3	.383.844.	29.629.	43.
4	.354.215.	29.586.	43.
5	.324.629.	29.543.	43.
6	.295.086.	29.499.	43.
7	.265.587.	29.456.	43.
8	.236.131.	29.413.	43.
9	.206.717.	29.370.	43.

p	$R(p)$	$-\Delta_1$	$+\Delta_2$
	0,883.		
12,30	.177.347.	29.328.	43.
1	.148.020.	29.285.	43.
2	.118.735.	29.242.	43.
3	.089.493.	29.200.	42.
4	.060.293.	29.157.	42.
5	.031.136.	29.115.	42.
6	.002.021.	29.073.	42.
	0,882.		
7	.972.949.	29.030.	42.
8	.943.919.	28.988.	42.
9	.914.930.	28.946.	42.
12,40	.885.984.	28.904.	42.
1	.857.080.	28.862.	42.
2	.828.218.	28.821.	42.
2	.799.397.	28.779.	42.
4	.770.618.	28.738.	42.
5	.741.880.	28.696.	41.
6	.713.185.	28.655.	41.
7	.684.530.	28.613.	41.
8	.655.917.	28.572.	41.
9	.627.345.	28.531.	41.
12,50	.598.814.	28.490.	41.
1	.570.324.	28.449.	41.
2	.541.875.	28.408.	41.
3	.513.467.	28.367.	41.
4	.485.100.	28.327.	40.
5	.456.773.	28.286.	41.
6	.428.487.	28.245.	40.
7	.400.242.	28.205.	40.
8	.372.037.	28.165.	40.
9	.343.872.	28.124.	40.
12,60	.315.747.	28.084.	40.
1	.287.663.	28.044.	40.
2	.259.619.	28.004.	40.
3	.231.615.	27.964.	40.
4	.203.651.	27.924.	40.
5	.175.726.	27.885.	40.
6	.147.841.	27.845.	40.
7	.119.997.	27.805.	39.
8	.092.191.	27.766.	39.
9	.064.425.	27.727.	39.

p	R(p)	$-\Delta_1$	$+\Delta_2$	$-\Delta_3$
	0,882.			
12,70	.036.699.	27.687.	39.	
1	.009.012.	27.648.	39.	
	0,881.			
2	.981.364.	27.609.	39.	
3	.953.755.	27.570.	39.	
4	.926.185.	27.531.	39.	
5	.898.655.	27.492.	39.	
6	.871.163.	27.453.	39.	
7	.843.710.	27.414.	39.	
8	.816.296.	27.375.	39.	
9	.788.921.	27.337.	39.	
12,80	.761.584.	27.298.	38.	
1	.734.286.	27.260.	39.	
2	.707.026.	27.221.	38.	
3	.679.805.	27.183.	38.	
4	.652.621.	27.145.	38.	
5	.625.476.	27.107.	38.	
6	.598.370.	27.069.	38.	
7	.571.301.	27.031.	38.	
8	.544.270.	26.993.	38.	
9	.517.277.	26.955.	38.	
12,90	.490.322.	26.917.	37.	
1	.463.405.	26.880.	38.	
2	.436.525.	26.842.	38.	
3	.409.682.	26.805.	37.	
4	.382.878.	26.767.	37.	
5	.356.111.	26.730.	37.	
6	.329.381.	26.693.	37.	
7	.302.688.	26.656.	37.	
8	.276.032.	26.618.	37.	
9	.249.414.	26.581.	37.	
13,00	.222.833.	.132.354.	915.	9.
05	.090.479.	.131.439.	905.	9.
	0,880.			
10	.959.040.	.130.534.	896.	9.
15	.828.505.	.129.638.	887.	9.
20	.698.867.	.128.751.	878.	9.
25	.570.116.	.127.873.	869.	9.
30	.442.243.	.127.004.	860.	9.
35	.315.239.	.126.144.	852.	8.
40	.189.095.	.125.292.	843.	8.
45	.063.803.	.124.449.	835.	8.
	0,879.			
13,50	.939.354.	.123.614.	827.	8.
55	.815.740.	.122.787.	818.	8.
60	.692.952.	.121.969.	810.	8.
65	.570.984.	.121.159.	802.	8.
70	.449.825.	.120.356.	795.	8.
75	.329.469.	.119.562.	787.	8
80	.209.907.	.118.775.	779.	8.
85	.091.133.	.117.996.	772.	7.
	0,878.			
90	.973.137.	117.224..	764.	7.
95	.855.913.	.116.460.	757.	7.
14,00	.739.453.	.115.703.	749.	7.
05	.623.750.	.114.954.	742.	7.
10	.508.796.	.114.211.	735.	7.
15	.394.585.	.113.476.	728.	7.
20	.281.109.	.112.748.	721.	7.
25	.168.361.	.112.027.	714.	7.
30	.056.334.	.111.312.	708.	7.
	0,877.			
35	.945.022.	.110.604.	701.	7.
40	.834.417.	.109.903.	694.	6.
45	.724.514.	.109.209.	688.	6.
14,50	.615.305.	.108.521.	682.	6.
55	.506.784.	.107.839.	675.	6.
60	.398.945.	.107.164.	669.	6.
65.	.291.781.	.106.495.	663.	6.
70	.185.285.	.105.832.	657.	6.
75	.079.453.	.105.176.	651.	6.
	0,876.			
80	.974.277.	.104.525.	645.	6.
85	.869.752.	.103.880.	639.	6.
90	.765.872.	.103.242.	633.	6.
95	.662.630.	.102.609.	627.	6.
15,00	.560.021.	.101.981.	622.	6.
05	.458.040.	.101.360.	616.	6.
10	.356.680.	.100.744.	610.	5.
15	.255.636.	.100.134.	605.	5.
20	.155.802.	99.529.	599.	5.
25	.056.273.	98.929.	594.	5.
	0,875.			
30	.957.344.	98.335.	589.	5.

p	$R(p)$	$-\Delta_1$	$+\Delta_2$	$-\Delta_3$
	0,875.			
15,35	.859.009.	97.746.	584.	5.
40	.761.262.	97.163.	578.	5.
45	.664.100.	96.584.	573.	5.
15,50	.567.515.	96.011.	568.	5.
55	.471.504.	95.443.	563.	5.
60	.376.062.	94.879.	558.	5.
65	.281.182.	94.321.	553.	5.
70	.186.861.	93.768.	549.	5.
75	.093.094.	93.219.	544.	5.
	0,874.			
80	.999.875.	92.675.	539.	5.
85	.907.200.	92.136.	535.	5.
90	.815.064.	91.601.	530.	5.
95	.723.463.	91.071.	525.	5.
16,00	.632.391.	90.546.	521.	4.
05	.541.845.	90.025.	516.	4.
10	.451.820.	89.509.	512.	4.
15	.362.312.	88.997.	508.	4.
20	.273.315.	88.489.	503.	4.
25	.184.826.	87.985.	499.	4.
30	.096.841.	87.486.	495.	4.
35	.009.355.	86.991.	491.	4.
	0,873			
40	.922.363.	86.501.	487.	4.
45	.835.863.	86.014.	483.	4.
16,50	.749.849.	85.531.	479.	4.
55	.664.318.	85.053.	475.	4.
60	.579.265.	84.578.	471.	4.
65	.494.687.	84.107.	467.	4.
70	.410.579.	83.641.	463.	4.
75	.326.939.	83.178.	459.	4.
80	.243.761.	82.719.	455.	4.
85	.161.043.	82.263.	452.	4
90	.078.780.	81.811.	448.	4.
	0,872.			
95	.996.968.	81.364.	444.	4.
17,00	.915.604.	80.919.	441.	4.
05	.834.685.	80.478.	437.	4.
10	.754.207.	80.041.	434.	3.
15	.674.165.	79.608.	430.	3.
20	.594.558.	79.178.	427.	3.
25	.515.380.	78.751.	423.	3.

p	$R(p)$	$-\Delta_1$	$+\Delta_2$	$-\Delta_3$
	0,872.			
17,30	.436.629.	78.328.	420.	3.
35	.358.302.	77.908.	417.	3.
40	.280.394.	77.491.	413.	3.
45	.202.902.	77.078.	410.	3.
17,50	.125.824.	76.668.	407.	3.
55	.049.156.	76.261.	404.	3.
	0,871.			
60	.972.985.	75.858.	400.	3.
65	.897.037.	75.458.	397.	3.
70	.821.579.	75.060.	394.	3.
75	.746.519.	74.666.	391.	3.
80	.671.853.	74.275.	388.	3.
85	.597.577.	73.887.	385.	3.
90	.523.690.	73.502.	382.	3.
95	.450.188.	73.120.	379.	3.
18,00	.377.067.	72.741.	376.	3.
05	.304.326.	72.365.	373.	3.
10	.231.960.	71.992.	370.	3.
15	.159.968.	71.622.	367.	3.
20	.088.346.	71.254.	365.	3.
25	.017.092.	70.890.	362.	3.
	0,870.			
30	.946.202.	70.528.	359.	3.
35	.875.675.	70.169.	356.	3.
40	.805.506.	69.812.	354.	3.
45	.735.694.	69.458.	351.	3.
18,50	.666.236.	69.107.	348.	3.
55	.597.128.	68.759.	346.	3.
60	.528.369.	68.413.	343.	3.
65	.459.956.	68.070.	341.	3.
70	.391.887.	67.729.	338.	2.
75	.324.158.	67.391.	336.	2.
80	.256.767.	67.055.	333.	2.
85.	.189.711.	66.722.	331.	2.
90	.122.989.	66.391.	328.	2.
95	.056.598.	66.063.	326.	2.
	0,869.			
19,00	.990.534.	65.737.	323.	2.
05	.924.797.	65.414.	321.	2.
10	.859.383.	65.093.	319.	2.
15	.794.290.	64.774.	316.	2.
20	.729.516.	64.458.	314.	2.

p	$R(p)$	$-\Delta_1$	$+\Delta_3$	$-\Delta_3$
	0,869.			
19,25	.665.058.	64.144.	312.	2.
30	.600.914.	63.832.	310.	2.
35	.537.082.	63.522.	307.	2.
40	.473.560.	63.215.	305.	2.
45	.410.345.	62.910.	303.	2.
19,50	.347.435.	62.607.	301.	2.
55	.284.828.	62.306.	299.	2.
60	.222.522.	62.008.	296.	2.
65	160.514.	61.711.	294.	2.
70	.098.803.	61.417.	292.	2.
75	.037.386.	61.125.	290.	2.
	0,868.			
80	.976.262.	60.834.	288.	2.
85	.915.427.	60.546.	286.	2.
90	.854.881.	60.260.	284.	2.
95	.794.621.	59.976.	282.	2.
20,00	.734.665.	59.694.	280.	2.
05	.674.951.	59.414.	278.	2.
10	.615.537.	59.136.	276.	2.
15	.556.401.	58.859.	274.	2.
20	.497.542.	58.585.	272.	2.
25	.438.957.	58.313.	271.	2.
30	.380.644.	58.042.	269.	2.
35	.322.602.	57.774.	267.	2.
40	.264.828.	57.507.	265.	2.
45	.207.322.	57.242.	263.	2.
20,50	.150.080.	56.979.	261.	2.
55	.093.101.	56.717.	260.	2.
60	.036.384.	56.458.	258.	2.
	0,867.			
65	.979.926.	56.200.	256.	2.
70	.923.726.	55.944.	254.	2.
75	.867.782.	55.690.	253.	2.
80	.812.092.	55.437.	251.	2.
85	.756.654.	55.186.	249.	2.
90	.701.469.	54.937.	247.	2.
95	.646.531.	54.690.	246.	2.
21,00	.591.842.	54.444.	244.	2.
05	.537.398.	54.200.	243.	2.
10	.483.198.	53.957.	241.	2.
15	.429.241.	53.716.	239.	2.

p	$R(p)$	$-\Delta_1$	$+\Delta_2$	$-\Delta_3$
	0,867.			
21,20	.375.525.	53.477.	238.	2.
25	.322.048.	53.239.	236.	2.
30	.268.809.	53.003.	235.	2.
35	.215.806.	52.768.	233.	2.
40	.163.038.	52.535.	232.	2.
45	.110.503.	52.304.	230.	2.
21,50	.058.199.	52.074.	228.	1.
55	.006.125.	51.845.	227.	1.
	0,866.			
60	.954.280.	51.618.	226.	1.
65	.902.662.	51.393.	224.	1.
70	.851.269.	51.169.	223.	1.
75	.800.100.	50.946.	221.	1.
80	.749.154.	50.725.	220.	1.
85	.698.429.	50.505.	218.	1.
90	.647.924.	50.287.	217.	1.
95	.597.637.	50.070.	215.	1.
22,00	.547.567.	49.855.	214.	
05	.497.712.	49.640.	213.	
10	.448.072.	49.428.	211.	
15	.398.644.	49.216.	210.	
20	.349.428.	49.006.	209.	
25	.300.421.	48.798.	207.	
30	.251.624.	48.590.	206.	
35	.203.033.	48.384.	205.	
40	.154.649.	48.179.	203.	
45	.106.470.	47.976.	202.	
22,50	.058.494.	74.774.	201.	
55	.010.720.	47.573.	200.	
	0,865.			
60	.963.147.	47.373.	198.	
65	.915.774.	47.175.	197.	
70	.868.599.	46.978.	196.	
75	.821.621.	46.782.	195.	
80	.774.840.	46.587.	193.	
85	.728.253.	46.394.	192.	
90	.681.859.	46.201.	191.	
95	.635.658.	46.010.	190.	
23,00	.589.648.	45.820.	189.	
05	.543.827.	45.631.	188.	
10	.498.196.	45.444.	186.	

p	$R(p)$	$-\Delta_1$	$+\Delta_2$
	0,865.		
23,15	.452.752.	45.257.	185.
20	.407.495.	45.072.	184.
25	.362.423.	44.888.	183.
30	.317.535.	44.705.	182.
35	.272.830.	44.523.	181.
40	.228.307.	44.342.	180.
45	.183.965.	44.162.	179.
23,50	.139.803.	43.984.	178.
55	.095.819.	43.806.	177.
60	.052.013.	43.629.	175.
65	.008.384.	43.454.	174.
	0,864.		
70	.964.930.	43.280.	173.
75	.921.650.	43.106.	172.
80	.878.544.	42.934.	171.
85	.835.610.	42.763.	170.
90	.792.847.	42.592.	169.
95	.750.254.	42.423.	168.
24,00	.707.831.	42.255.	167.
05	.665.576.	42.088.	166.
10	.623.489.	41.921.	165.
15	.581.567.	41.756.	164.
20	.539.811.	41.592.	163.
25	.498.219.	41.428.	162.
30	.456.791.	41.266.	161.
35	.415.525.	41.105.	161.
40	.374.420.	40.944.	160.
45	.333.476.	40.785.	159.
24,50	.292.691.	40.626.	158.
55	.252.065.	40.468.	157.
60	.211.597.	40.311.	156.
65	.171.285.	40.156.	155.
70	.131.130.	40.001.	154.
75	.091.129.	39.846.	153.
80	.051.283.	39.693.	152.
85	.011.590.	39.541.	151.
	0,863.		
90	.972.049.	39.389.	151.
95	.932.659.	39.239.	150.
25,00	.893.421.	39.089.	149.
05	.854.331.	38.940.	148.
10	.815.391.	38.792.	147.

p	$R(p)$	$-\Delta_1$	$+\Delta_2$
	0,863		
25,15	.776.599.	38.645.	146.
20	.737.954.	38.499.	146.
25	.699.456.	38.353.	145.
30	.661.102.	38.208.	144.
35	.622.894.	38.064.	143.
40	.584.830.	37.921.	142.
45	.546.908.	37.779.	141.
25,50	.509.129.	37.638.	141.
55	.471.492.	37.497.	140.
60	.433.995.	37.357.	139.
65	.396.638.	37.218.	138.
70	.359.420.	37.079.	138.
75	.322.340.	36.942.	137.
80	.285.398.	36.805.	136.
85	.248.593.	36.669.	135.
90	.211.924.	36.534.	135.
95	.175.391.	36.399.	134.
26,00	.138.992.	36.265.	133.
05	.102.726.	36.132.	132.
10	.066.594.	36.000.	132.
15	.030.594.	35.868.	131.
	0,862.		
20	.994.726.	35.737.	130.
25	.958.989.	35.607.	130.
30	.923.382.	35.477.	129.
35	.887.905.	35.349.	128.
40	.852.556.	35.221.	127.
45	.817.335.	35.093.	127.
26,50	.782.242.	34.966.	126.
55	.747.276.	34.840.	125.
60	.712.435.	34.715.	125.
65	.677.720.	34.590.	124.
70	.643.130.	34.466.	123.
75	.608.664.	34.343.	123.
80	.574.321.	34.220.	122.
85	.540.100.	34.098.	121.
90	.506.002.	33.977.	121.
95	.472.025.	33.856.	120.
27,00	.438.169.	33.736.	119.
05	.404.433.	33.617.	119.
10	.370.817.	33.498.	118.
15	.337.319.	33.379.	118.
20	.303.939.	33.262.	117.

p	$R(p)$	$-\Delta_1$	$+\Delta_2$
	0,862.		
27,25	.270.678.	33.145.	116.
30	.237.533.	33.029.	116.
35	.204.504.	32.913.	115.
40	.171.591.	32.798.	115.
45	.138.793.	32.683.	114.
27,50	.106.110.	32.569.	113.
55	.073.541.	32.456.	113.
60	.041.085.	32.343.	112.
65	.008.742.	32.231.	112.
	0,861.		
70	.976.511.	32.119.	111.
75	.944.392.	32.008.	110.
80	.912.383.	31.898.	110.
85	.880.485.	31.788.	109.
90	.848.697.	31.679.	109.
95	.817.018.	31.570.	108.
28,00	.785.448.	31.462.	108.
05	.753.986.	31.354.	107.
10	.722.632.	31.247.	107.
15	.691.385.	31.141.	106.
20	.660.244.	31.035.	105.
25	.629.210.	30.929.	105.
30	.598.281.	30.824.	104.
35	.567.456.	30.720.	104.
40	.536.737.	30.616.	103.
45	.506.121.	30.513.	103.
28,50	.475.608.	30.410.	102.
55	.445.198.	30.308.	102.
60	.414.890.	30.206.	101.
65	.384.685.	30.105.	101.
70	.354.580.	30.004.	100.
75	.324.576.	29.904.	100.
80	.294.673.	29.804.	99.

p	$R(p)$	$-\Delta_1$	$+\Delta_2$
	0,861.		
28,85	.264.869.	29.705.	99.
90	.235.164.	29.606.	98.
95	.205.559.	29.507.	98.
29,00	.176.051.	29.410.	97.
05	.146.642.	29.312.	97.
10	.117.329.	29.216.	96.
15	.088.114.	29.119.	96.
20	.058.994.	29.023.	95.
25	.029.971.	28.928.	95.
30	.001.043.	28.833.	94.
	0,860.		
35	.972.210.	28.739.	94.
40	.943.471.	28.645.	94.
45	.914.827.	28.551.	93.
29,50	.886.276.	28.458.	93.
55	.857.818.	28.365.	92.
60	.829.453.	28.273.	92.
65	.801.180.	28.181.	91.
70	.772.998.	28.090.	91.
75	.744.908.	27.999.	90.
80	.716.909.	27.909.	90.
85	.689.000.	27.819.	90.
90	.661.181.	27.729.	89.
95	.633.452.	27.640.	89.
30,00	.605.811.	27.552.	88.
05	.578.260.	27.463.	88.
10	.550.796.	27.375.	87.
15	.523.421.	27.288.	87.
20	.496.133.	27.201.	87.
25	.468.932.	27.115.	86.
30	.441.817.	27.028.	86.
35	.414.789.	26.943.	85.

Für $p > 30,35$; direkte Berechnung nach Formel (17), vgl. S. 13.

p	$Q(p)$	Δ_1	Δ_2	Δ_3
0	0	+ 14.849.07		
0,01	0,014.849.07	+ 14.849.07		
2	0,029.698.15	+ 14.849.07		
3	0,044.547.22	+ 14.849.07		
4	0,059.396.30	+ 14.849.07		
0,05	0,074.245.37	+ 14.849.07		
6	0,089.094.45	+ 14.849.07		
7	0,103.943.52	+ 14.849.07		
8	0,118.792.60	+ 14.849.07		
9	0,133.641.67	+ 14.849.07		
0,10	0,148.490.75	+ 14.849.07		
1	0,163.339.82	+ 14.849.07		
2	0,178.188.90	+ 14.849.07		
3	0,193.037.97	+ 14.849.07		
4	0,207.887.05	+ 14.849.07		
0,15	0,222.736.12	+ 14.849.07		
6	0,237.585.20	+ 14.849.07	— .01	— .01
7	0,252.434.27	+ 14.849.06	— .02	— .02
8	0,267.283.33	+ 14.849.05	— .03	— .03
9	0,282.132.38	+ 14.849.02	— .06	— .05
0,20	0,296.981.40	+ 14.848.96	— .11	— .08
1	0,311.830.36	+ 14.848.84	— .19	— .12
2	0,326.679.20	+ 14.848.65	— .31	— .17
3	0,341.527.85	+ 14.848.34	— .48	— .24
4	0,356.576.19	+ 14.847.86	— .72	— .32
0,25	0,371.224.05	+ 14.847.14	— 1.04	— .41
6	0,386.071.18	+ 14.846.10	— 1.45	— .52
7	0,400.917.28	+ 14.844.65	— 1.96	— .64
8	0,415.761.93	+ 14.842.69	— 2.60	— .77
9	0,430.604.62	+ 14.840.09	— 3.37	— .91
0,30	0,445.444.70	+ 14.836.72	— 4.28	— 1.06
1	0,460.281.42	+ 14.832.44	— 5.33	— 1.21
2	0,475.113.86	+ 14.827.11	— 6.54	— 1.37
3	0,489.940.97	+ 14.820.57	— 7.91	— 1.53
4	0,504.761.54	+ 14.812.65	— 9.44	— 1.69
0,35	0,519.574.19	+ 14.803.21	— 11.13	— 1.84
6	0,534.377.40	+ 14.792.08	— 12.98	— 2.00
7	0,549.169.47	+ 14.779.10	— 14.97	— 2.14
8	0,563.948.58	+ 14.764.13	— 17.11	— 2.28
9	0,578.712.71	+ 14.747.02	— 19.39	— 2.41
0,40	0,593.459.73	+ 14.727.63	— 21.80	— 2.53
1	0,608.187.36	+ 14.705.83	— 24.33	— 2.64

p	Q(p)	Δ_1	Δ_2	Δ_3
0,42	0,622.893.18	+ 14.681.50	— 26.96	— 2.73
3	0,637.574.69	+ 14.654.54	— 29.69	— 2.82
4	0,652.229.23	+ 14.624.85	— 32.51	— 2.89
0,45	0,666.854.08	+ 14.592.34	— 35.40	— 2.95
6	0,681.446.42	+ 14.556.94	— 38.35	— 3.00
7	0,696.003.35	+ 14.518.58	— 41.35	— 3.04
8	0,710.521.94	+ 14.477.23	— 44.39	— 3.06
9	0,724.999.17	+ 14.432.84	— 47.45	— 3.08
0,50	0,739.432.01	+ 14.385.39	— 50.53	— 3.08
1	0,753.817.39	+ 14.334.86	— 53.60	— 3.07
2	0,768.152.25	+ 14.281.26	— 56.67	— 3.05
3	0,782.433.51	+ 14.224.58	— 59.73	— 3.02
4	0,796.658.09	+ 14.164.86	— 62.75	— 2.99
0,55	0,810.822.95	+ 14.102.11	— 65.74	— 2.94
6	0,824.925.05	+ 14.036.37	— 68.68	— 2.89
7	0,838.961.42	+ 13.967.69	— 71.57	— 2.83
8	0,852.929.11	+ 13.896.11	— 74.40	— 2.77
9	0,866.825.22	+ 13.821.71	— 77.17	— 2.70
0,60	0,880.646.93	+ 13.744.54	— 79.87	— 2.62
1	0,894.391.47	+ 13.664.67	— 82.49	— 2.54
2	0,908.056.14	+ 13.582.18	— 85.03	— 2.45
3	0,921.638.32	+ 13.497.16	— 87.48	— 2.37
4	0,935.135.48	+ 13.409.69	— 89.85	— 2.28
0,65	0,948.545.16	+ 13.319.83	— 92.12	— 2.18
6	0,961.864.99	+ 13.227.71	— 94.30	— 2.09
7	0,975.092.69	+ 13.133.40	— 96.39	— 1.99
8	0,988.226.10	+ 13.037.01	— 98.38	— 1.89
9	1,001.263.11	+ 12.938.63	— 100.27	— 1.79
0,70	1,014.201.75	+ 12.838.36	— 102.06	— 1.69
1	1,027.040.11	+ 12.736.30	— 103.76	— 1.59
2	1,039.776.41	+ 12.632.54	— 105.35	— 1.50
3	1,052.408.95	+ 12.527.19	— 106.84	— 1.40
4	1,064.936.14	+ 12.420.34	— 108.25	— 1.30
0,75	1,077.356.48	+ 12.312.09	— 109.55	— 1.20
6	1,089.668.58	+ 12.202.55	— 110.75	— 1.11
7	1,101.871.12	+ 12.091.80	— 111.86	— 1.02
8	1,113.962.92	+ 11.979.94	— 112.88	— .92
9	1,125.942.86	+ 11.867.06	— 113.80	— .83
0,80	1,137.809.92	+ 11.753.26	— 114.63	— .74
1	1,149.563.18	+ 11.638.63	— 115.38	— .66
2	1,161.201.82	+ 11.523.26	— 116.03	— .57
3	1,172.725.07	+ 11.407.22	— 116.61	— .48
4	1,184.132.29	+ 11.290.61	— 117.10	— .41

p	Q(p)	Δ_1	Δ_2	Δ_3
0,85	1,195.422.91	+ 11.173.51	— 117.51	— .34
6	1,206.596.42	+ 11.056.00	— 117.85	— .26
7	1,217.652.42	+ 10.938.15	— 118.11	— .19
8	1,228.590.57	+ 10.820.04	— 118.30	— .12
9	1,239.410.60	+ 10.701.74	— 118.42	— .05
0,90	1,250.112.34	+ 10.583.32	— 118.47	+ .01
1	1,260.695.67	+ 10.464.86	— 118.45	+ .08
2	1,271.160.53	+ 10.346.41	— 118.37	+ .14
3	1,281.506.93	+ 10.228.03	— 118.24	+ .20
4	1,291.734.97	+ 10.109.80	— 118.04	+ .25
0,95	1,301.844.77	+ 9.991.76	— 117.79	+ .30
6	1,311.836.52	+ 8.873.97	— 117.48	+ .35
7	1.321.710.49	+ 9.756.49	— 117.13	+ .40
8	1,331.466.98	+ 9.639.36	— 116.73	+ .45
9	1,341.106.34	+ 9.522.63	— 116.28	+ .49
1,00	1,350.628.97	+ 9.406.35	— 115.78	+ .54
1	1,360.035.32	+ 9.290.60	— 115.25	+ .57
2	1,369.325.89	+ 9.175.32	— 114.67	+ .61
3	1,378.501.21	+ 9.060.65	— 114.06	+ .65
4	1,387.561.86	+ 8.946.58	— 113.41	+ .68
1,05	1,396.508.44	+ 8.833.17	— 112.74	+ .71
6	1,405.341.61	+ 8.720.43	— 112.02	+ .74
7	1,414.062.04	+ 8.608.41	— 111.28	+ .77
8	1,422.670.46	+ 8.497.13	— 110.51	+ .80
9	1,431.167.59	+ 8.386.62	— 109.71	+ .82
1,10	1,439.554.21	+ 8.276.91	— 108.90	+ .84
1	1,447.831.11	+ 8.168.01	— 108.05	+ .86
2	1,455.999.12	+ 8.059.96	— 107.19	+ .88
3	1,464.059.08	+ 7.952.77	— 106.31	+ .91
4	1,472.011.85	+ 7.846.46	— 105.40	+ .91
1.15	1,479.858.32	+ 7.741.07	— 104.49	+ .94
6	1,487.599.38	+ 7.636.58	— 103.55	+ .95
7	1,495.235.96	+ 7.533.02	— 102.61	+ .96
8	1,502.768.98	+ 7.430.41	— 101.65	+ .97
9	1,510.199.39	+ 7.328.77	— 100.67	+ .98
1,20	1,517.528.16	+ 7.228.09	— 99.69	+ .99
1	1,524.756.26	+ 7.128.40	— 98.70	+ 1.00
2	1,531.884.66	+ 7.029.70	— 97.70	+ 1.01
3	1,538.914.36	+ 6.932.00	— 96.70	+ 1.01
4	1,545.846.36	+ 6.835.30	— 95.68	+ 1.01
1,25	1,552.681.66	+ 6.739.62	— 94.67	+ 1.02
6	1,559.421.28	+ 6.644.94	— 93.65	+ 1.02

p	Q(p)	Δ_1	Δ_2	Δ_3
1,27	1,566.066.22	+ 6.551.29	— 92.63	+ 1.03
8	1,572.617.51	+ 6.458.67	— 91.60	+ 1.03
9	1,579.076.18	+ 6.367.07	— 90.57	+ 1.03
1,30	1,585.443.25	+ 6.276.50	— 89.54	+ 1.03
1	1,591.719.76	+ 6.186.96	— 88.51	+ 1.03
2	1,597.906.72	+ 6.098.45	— 87.48	+ 1.03
3	1,604.005.17	+ 6.010.97	— 86.45	+ 1.03
4	1,610.016.15	+ 5.924.52	— 85.42	+ 1.02
1,35	1,615.940.67	+ 5.839.10	— 84.40	+ 1.02
6	1,621.779.77	+ 5.754.70	— 83.38	+ 1.02
7	1,627.534.46	+ 5.671.32	— 82.36	+ 1.02
8	1,633.205.78	+ 5.588.96	— 81.34	+ 1.01
9	1,638.794.74	+ 5.507.62	— 80.33	+ 1.00
1,40	1,644.302.36	+ 5.427.28	— 79.33	+ 1.00
1	1,649.729.64	+ 5.347.96	— 78.33	+ 1.00
2	1,655.077.60	+ 5.269.63	— 77.33	+ .99
3	1,660.347.23	+ 5.192.30	— 76.34	+ .99
4	1,665.539.53	+ 5.115.96	— 75.35	+ .98
1,45	1,670.655.50	+ 5.040.61	— 74.38	+ .97
6	1,675.696.11	+ 4.966.23	— 73.40	+ .97
7	1,680.662.34	+ 4.892.83	— 72.44	+ .96
8	1,685.555.17	+ 4.820.39	— 71.48	+ .95
9	1,690.375.56	+ 4.748.91	— 70.53	+ .94
1,50	1,695.124.47	+ 4.678.38	— 69.59	+ .94
1	1,699.802.84	+ 4.608.79	— 68.65	+ .93
2	1,704.411.63	+ 4.540.13	— 67.73	+ .92
3	1,708.951.76	+ 4.472.40	— 66.81	+ .91
4	1,713.424.16	+ 4.405.59	— 65.90	+ .90
1,55	1,717.829.76	+ 4.339.70	— 63.00	+ .89
6	1,722.169.45	+ 4.274.70	— 64.10	+ .89
7	1,726.444.15	+ 4.210.60	— 63.22	+ .88
8	1,730.654.75	+ 4.147.38	— 62.34	+ .87
9	1,734.802.13	+ 4.085.04	— 61.47	+ .86
1,60	1,738.887.17	+ 4.023.57	— 60.61	+ .85
1	1,742.910.47	+ 3.962.95	— 59.76	+ .84
2	1,746.873.70	+ 3.903.19	— 58.92	+ .83
3	1,750.776.89	+ 3.844.27	— 58.09	+ .82
4	1,754.621.15	+ 3.786.17	— 57.27	+ .81
1,65	1,758.407.33	+ 3.728.91	— 56.46	+ .80
6	1,762.136.23	+ 3.672.45	— 55.65	+ .80
7	1,765.808.68	+ 3.616.80	— 54.86	+ .79
8	1,769.425.48	+ 3.561.94	— 54.07	+ .78
9	1,772.987.42	+ 3.507.87	— 53.29	+ .77

p	Q(p)	Δ_1	Δ_2	Δ_3
1,70	1,776.495.30	+ 3.454.58	— 52.52	+ .76
1	1,779.949.88	+ 3.402.06	— 51.77	+ .75
2	1,783.351.94	+ 3.350.29	— 51.02	+ .74
3	1,786.702.23	+ 3.299.28	— 50.28	+ .73
4	1,790.001.50	+ 3.249.00	— 49.54	+ .72
1,75	1,793.250.50	+ 3.199.46	— 48.82	+ .71
6	1,796.449.96	+ 3.150.63	— 48.11	+ .70
7	1,799.600.59	+ 3.102.53	— 47.40	+ .70
8	1,802.703.12	+ 3.055.12	— 46.71	+ .69
9	1,805.758.24	+ 3.008.41	— 46.02	+ .68
1,80	1,808.766.65	+ 2.962.39	— 45.34	+ .67
1	1,811.729.04	+ 2.917.05	— 44.68	+ .66
2	1,814.646.09	+ 2.872.37	— 44.01	+ .65
3	1,817.518.46	+ 2.828.36	— 43.36	+ .64
4	1,820.346.82	+ 2.784.99	— 42.72	+ .63
1,85	1,823.131.81	+ 2.742.27	— 42.09	+ .63
6	1,825.874.08	+ 2.700.19	— 41.46	+ .62
7	1,828.574.27	+ 2.658.73	— 40.84	+ .61
8	1,831.233.00	+ 2.617.89	— 40.23	+ .60
9	1,833.850.89	+ 2.577.65	— 39.63	+ .59
1,90	1,836.428.54	+ 2.538.02	— 39.04	+ .58
1	1,838.966.56	+ 2.498.98	— 38.45	+ .58
2	1,841.465.55	+ 2.460.53	— 37.88	+ .57
3	1,843.926.08	+ 2.422.65	— 37.31	+ .56
4	1,846.348.73	+ 2.385.35	— 36.75	+ .55
1,95	1,848.734.08	+ 2.348.60	— 36.19	+ .55
6	1,851.082.67	+ 2.312.40	— 35.65	+ .54
7	1,853.395.08	+ 2.276.75	— 35.11	+ .53
8	1,855.671.83	+ 2.241.64	— 34.58	+ .52
9	1,857.913.48	+ 2.207.06	— 34.06	+ .51
2,00	1,860.120.54	+ 2.173.01	— 33.54	+ .51
1	1,862.293.55	+ 2.139.46	— 33.04	+ .50
2	1,864.433.01	+ 2.106.43	— 32.53	+ .49
3	1,866.539.43	+ 2.073.89	— 32.04	+ .49
4	1,868.613.32	+ 2.041.85	— 31.56	+ .48
2,05	1,870.655.17	+ 2.010.29	— 31.07	+ .47
6	1,872.665.47	+ 1.979.22	— 30.60	+ .47
7	1,874.644.69	+ 1,948.62	— 30.14	+ .46
8	1,876.593.30	+ 1.918.48	— 29.68	+ .45
9	1,878.511.79	+ 1,888.81	— 29.22	+ .44
2,10	1,880.400.59	+ 1.859.58	— 28.78	+ .44
1	1,882.260.17	+ 1.830.80	— 28.34	+ .43

p	$Q(p)$	Δ_1	Δ_2	Δ_3
2,12	1,884.090.97	+ 1.802.46	— 27.91	+ .43
3	1,885.893.43	+ 1.774.55	— 27.48	+ .42
4	1,887.667.98	+ 1.747.07	— 27.06	+ .41
2,15	1,889.415.05	+ 1.720.01	— 26.65	+ .41
6	1,891.135.06	+ 1.693.36	— 26.24	+ .40
7	1,892.828.42	+ 1.667.12	— 25.84	+ .40
8	1,894.495.55	+ 1.641.29	— 25.44	+ .39
9	1,896.136.84	+ 1.615.85	— 25.05	+ .38
2,20	1,897.752.68	+ 1,590.80	— 24.67	+ .38
1	1,899.343.48	+ 1.566.13	— 24.29	+ .37
2	1,900.909.61	+ 1.541.84	— 23.91	+ .37
3	1,902.451.49	+ 1.517.93	— 23.55	+ .36
4	1,903.969.38	+ 1.494.38	— 23.19	+ .36
2,25	1,905.463.75	+ 1.471.19	— 22.83	+ .35
6	1,906.934.95	+ 1.448.37	— 22.48	+ .35
7	1,908.383.31	+ 1.425.89	— 22.13	+ .34
8	1,909.809.20	+ 1.403.76	— 21.79	+ .34
9	1,911.212.96	+ 1.381.96	— 21.46	+ .33
2,30	1,912.594.92	+ 1.360.51	— 21.12	+ .33
1	1,913.955.43	+ 1.339.38	— 20.80	+ .32
2	1,915.294.82	+ 1.318.59	— 20.48	+ .32
3	1,916.613.40	+ 1.298.11	— 20.16	+ .31
4	1,917.911.51	+ 1.277.94	— 19.85	+ .31
2,35	1,919.189.45	+ 1,258.09	— 19.55	+ .30
6	1,920.447.54	+ 1.238.55	— 19.24	+ .30
7	1,921.686.09	+ 1.219.30	— 18.95	+ .29
8	1,922.905.40	+ 1.200.36	— 18.65	+ .29
9	1,924.105.75	+ 1.181.70	— 18.37	+ .28
2,40	1,925.287.46	+ 1.163.34	— 18.08	+ .28
1	1,926.450.80	+ 1.145.26	— 17.80	+ .28
2	1,927.596.05	+ 1.127.46	— 17.53	+ .27
3	1,928.723.51	+ 1.109.93	— 17.26	+ .27
4	1,929.833.44	+ 1.092.67	— 16.99	+ .26
2,45	1,930.926.11	+ 1.075.68	— 16.73	+ .26
6	1,932.001.80	+ 1.058.96	— 16.47	+ .26
7	1,933.060.75	+ 1.042.49	— 16.21	+ .25
8	1,934.103.25	+ 1.026.28	— 15.96	+ .25
9	1,935.129.53	+ 1.010.32	— 15.71	+ .24
2,50	1,936.139.84	+ .994.61	— 15.47	+ .24
1	1,937.134.45	+ .979.13	— 15.23	+ .24
2	1,938.113.58	+ .963.90	— 14.99	+ .23
3	1,939.077.49	+ .948.91	— 14.76	+ .23
4	1,940.026.40	+ .934.15	— 14.53	+ .23

p	Q(p)	Δ_1	Δ_2	Δ_3
2,55	1,940.960.55	+ .919.61	— 14.31	+ .22
6	1,941.880.16	+ .905.31	— 14.09	+ .22
7	1,942.785.47	+ .891.22	— 13.87	+ .22
8	1,943.676.69	+ .877.35	— 13.65	+ .21
9	1,944.554.04	+ .863.70	— 13.44	+ .21
2,60	1,945.417.74	+ .850.26	— 13.23	+ .21
1	1,946.268.00	+ .837.03	— 13.03	+ .20
2	1,947.105.02	+ .824.00	— 12.82	+ .20
3	1,947.929.02	+ .811.17	— 12.63	+ .20
4	1,948.740.20	+ .798.55	— 12.43	+ .19
2,65	1,949.538.75	+ .786.12	— 12.24	+ .19
6	1,950.324.87	+ .773.88	— 12.05	+ .19
7	1,951.098.75	+ .761.84	— 11.86	+ .18
8	1,951.860.59	+ .749.98	— 11.68	+ .18
9	1,952.610.56	+ .738.30	— 11.49	+ .18
2,70	1,953.348.86	+ .726.81	— 11.32	+ .18
1	1,954.075.67	+ .715.49	— 11.14	+ .17
2	1,954.791.16	+ .704.35	— 10.97	+ .17
3	1,955.495.52	+ .693.39	— 10.80	+ .17
4	1,956.188.90	+ .682.59	— 10.63	+ .17
2,75	1,956.871.49	+ .671.96	— 10.46	+ .16
6	1,957.543.45	+ .661.50	— 10.30	+ .16
7	1,958.204.95	+ .651.20	— 10.14	+ .16
8	1,958.856.15	+ .641.06	— 9.98	+ .16
9	1,959.497.21	+ .631.07	— 9.83	+ .15
2,80	1,960.128.28	+ .621.25	— 9.67	+ .15
1	1,960.749.53	+ .611.57	— 9.52	+ .15
2	1,961.361.10	+ .602.05	— 9.38	+ .15
3	1,961.963.15	+ .592.67	— 9.23	+ .14
4	1,962.555.82	+ .583.44	— 9.09	+ .14
2,85	1,963.139.26	+ .574.35	— 8.95	+ .14
6	1,963.713.62	+ .565.41	— 8.81	+ .14
7	1,964.279.03	+ .556.60	— 8.67	+ .13
8	1,964.835.63	+ .547.93	— 8.53	+ .13
9	1,965.383.56	+ .539.40	— 8.40	+ .13
2,90	1,965.922.96	+ .531.00	— 8.27	+ .13
1	1,966.453.96	+ .522.73	— 8.14	+ .13
2	1,966.976.68	+ .514.58	— 8.02	+ .12
3	1,967.491.27	+ .506.57	— 7.89	+ .12
4	1,967.997.83	+ .498.68	— 7.77	+ .12
2,95	1,968.496.51	+ .490.91	— 7.65	+ .12
6	1.968.987.42	+ .483.26	— 7.53	+ .12

p	Q(p)	Δ_1	Δ_2	Δ_3
2,97	1,969.470.68	+ .475.73	— 7.41	+ .12
8	1,969.946.41	+ .468.32	— 7.30	+ .11
9	1,970.414.74	+ .461.03	— 7.18	+ .11
3,00	1,970.875.76	+ .453.84	— 7.07	+ .11
1	1,971.329.61	+ .446.77	— 6.96	+ .11
2	1,971.776.38	+ .439.81	— 6.85	+ .11
3	1,972.216.20	+ .432.96	— 6.75	+ .10
4	1,972.649.16	+ .426.22	— 6.64	+ .10
3,05	1,973.075.37	+ .419.58	— 6.54	+ .10
6	1,973.494.95	+ .413.04	— 6.44	+ .10
7	1,973.907.99	+ .406.60	— 6.33	+ .10
8	1,974.314.59	+ .400.27	— 6.24	+ .10
9	1,974.714.86	+ .394.03	— 6.14	+ .10
3,10	1,975.108.90	+ .387.89	— 6.04	+ .09
1	1,975.496.79	+ .381.85	— 5.95	+ .09
2	1,975.878.64	+ .375.90	— 5.86	+ .09
3	1,976.254.54	+ .370.04	— 5.77	+ .09
4	1,976.624.59	+ .364.28	— 5.68	+ .09
3.15	1,976.988.87	+ .358.60	— 5.59	+ .09
6	1,977.347.47	+ .353.01	— 5.50	+ .08
7	1,977.700.48	+ .347.51	— 5.42	+ .08
8	1,978.048.00	+ .342.10	— 5.33	+ .08
9	1,978.390.10	+ .336.77	— 5.25	+ .08
3,20	1,978.726.87	+ .331.52	— 5.17	+ .08
1	1,979.058.39	+ .326.36	— 5.09	+ .08
2	1,979.384.75	+ .321.27	— 5.01	+ .08
3	1,979.706.02	+ .316.27	— 4.93	+ .08
4	1,980.022.28	+ .311.34	— 4.85	+ .08
3,25	1,980.333.62	+ .306.49	— 4.78	+ .07
6	1,980.640.10	+ .301.71	— 4.70	+ .07
7	1,980.941.81	+ .297.01	— 4.63	+ .07
8	1,981.238.82	+ .292.38	— 4.56	+ .07
9	1,981.531.20	+ .287.82	— 4.49	+ .07
3,30	1,981.819.03	+ .283.34	— 4.41	+ .07
1	1,982.102.37	+ .278.92	— 4.35	+ .07
2	1,982.381.29	+ .274.58	— 4.28	+ .07
3	1,982.655.87	+ .270.30	— 4.21	+ .07
4	1,982.926.17	+ .266.09	— 4.15	+ .06
3,35	1,983.192.25	+ .261.94	— 4.08	+ .06
6	1,983.454.19	+ .257.86	— 4.02	+ .06
7	1,983.712.05	+ .253.84	— 3.96	+ .06
8	1,983.965.89	+ .249.88	— 3.89	+ .06
9	1,984.215.78	+ .245.99	— 3.83	+ .06

p	$Q(p)$	Δ_1	Δ_2	Δ_3
3,40	1,984.461.77	+ .242.16	— 3.77	+ .06
1	1,984.703.93	+ .238.38	— 3.71	+ .06
2	1,984.942.31	+ .234.67	— 3.66	+ .06
3	1,985.176.98	+ .231.01	— 3.60	+ .06
4	1,985.407.99	+ .227.41	— 3.54	+ .06
3,45	1,985.635.40	+ .223.87	— 3.49	+ .05
6	1,985.859.27	+ .230.38	— 3.43	+ .05
7	1,986.079.65	+ .216.95	— 3.38	+ .05
8	1,986.296.60	+ .213.56	— 3.33	+ .05
9	1,986.510.16	+ .210.24	— 3.28	+ .05
3,50	1,986.720.40	+ .206.96	— 3.23	+ .05
1	1,986.927.36	+ .203.73	— 3.17	+ .05
2	1,987.131.09	+ .200.56	— 3.13	+ .05
3	1,987.331.65	+ .197.43	— 3.08	+ .05
4	1,987.529.08	+ .194.36	— 3.03	+ .05
3,55	1,987.723.44	+ .191.33	— 2.98	+ ,05
6	1,987.914.77	+ .188.35	— 2.94	+ .05
7	1,988.103.12	+ .185.41	— 2.89	+ .05
8	1,988.288.53	+ .182.52	— 2.84	+ .04
9	1,988.471.05	+ .179.68	— 2.80	+ .04
3,60	1,988.650.73	+ .176.88	— 2.76	+ .04
1	1,988.827.60	+ .174.12	— 2.71	+ .04
2	1,989.001.72	+ .171.41	— 2.67	+ .04
3	1,989.173.13	+ .168.74	— 2.63	+ .04
4	1,989.341.87	+ .166.11	— 2.59	+ .04
3,65	1,989.507.97	+ .163.52	— 2.55	+ .04
6	1,989.671.49	+ .160.97	— 2.51	+ .04
7	1,989.832.46	+ .158.46	— 2.47	+ .04
8	1,989.990.92	+ .155.99	— 2.43	+ .04
9	1,990.146.91	+ .153.56	— 2.39	+ .04
3,70	1,990.300.47	+ .151.17	— 2.36	+ .04
1	1,990.451.64	+ .148.81	— 2.32	+ .04
2	1,990.600.45	+ .146.49	— 2.28	+ .04
3	1,990.746.94	+ .144.21	— 2.25	+ .04
4	1,990.891.15	+ .141.96	— 2.21	+ .03
3,75	1,991.033.11	+ .139.75	— 2.18	+ .03
6	1,991.172.86	+ .137.57	— 2.14	+ .03
7	1,991.310.44	+ .135.43	— 2.11	+ .03
8	1,991.445.86	+ .133.32	— 2.08	+ .03
9	1,991.579.18	+ .131.24	— 2.05	+ .03
3,80	1,991.710.42	+ .129.19	— 2.01	+ .03
1	1,991.839.61	+ .127.18	— 1.98	+ .03

p	$Q(p)$	Δ_1	Δ_2	Δ_3
3,82	1,991.966.79	+ .125.20	— 1.95	+ .03
3	1,992.091.99	+ .123.25	— 1.92	+ .03
4	1,992.215.24	+ .121.33	— 1.89	+ .03
3,85	1,992.336.56	+ .119.44	— 1.86	+ .03
6	1,992.456.00	+ .117.57	— 1.83	+ .03
7	1,992.573.57	+ .115.74	— 1.80	+ .03
8	1,992.689.31	+ .113.94	— 1.78	+ .03
9	1,992.803.25	+ .112.16	— 1.75	+ .03
3,90	1,992.915.41	+ .110.41	— 1.72	+ .03
1	1,993.025.83	+ .108.69	— 1.69	+ .03
2	1,993.134.52	+ .107.00	— 1.67	+ .03
3	1.993.241.52	+ .105.33	— 1.64	+ .03
4	1,993.346.85	+ .103.69	— 1.62	+ .03
3,95	1,993.450.54	+ .102.07	— 1.59	+ .02
6	1,993.552.62	+ .100.48	— 1.57	+ .02
7	1,993.653.10	+ 98.92	— 1.54	+ .02
8	1,993.752.02	+ 97.38	— 1.52	+ .02
9	1,993.849.39	+ 95.86	— 1.49	+ .02
4,00	1,993.945.25	+ 94.36	— 1.47	+ .02
1	1,994.039.61	+ 92.89	— 1.45	+ .02
2	1,994.132.51	+ 91.45	— 1.43	+ .02
3	1,994.223.95	+ 90.02	— 1.40	+ .02
4	1,994.313.97	+ 88.62	— 1.38	+ .02
4,05	1,994.402.59	+ 87.24	— 1.36	+ .02
6	1,994.489.83	+ 85.88	— 1.34	+ .02
7	1,994.575.71	+ 84.54	— 1.32	+ .02
8	1,994.660.24	+ .83.22	— 1.30	+ .02
9	1,994.743.46	+ 81.92	— 1.28	+ .02
4,10	1,994.825.39	+ 80.65	— 1.26	+ .02
1	1,994.906.04	+ .79.39	— 1.24	+ .02
2	1,994.985.43	+ 78.15	— 1.22	+ .02
3	1,995.063.58	+ 76.93	— 1.20	+ .02
4	1,995.140.51	+ 75.74	— 1.18	+ .02
4,15	1,995.216.25	+ 74.56	— 1.16	+ .02
6	1,995.290.81	+ 73.39	— 1.14	+ .02
7	1,995.364.20	+ 72.25	— 1.13	+ ,02
8	1,995.436.45	+ 71.12	— 1.11	+ .02
9	1,995.507.57	+ 70.02	— 1.09	+ .02
4,20	1,995.577.59	+ 68.92	— 1.07	+ .02
1	1,995.646.51	+ 67.85	— 1.06	+ .02
2	1,995.714.36	+ 66.79	— 1.04	+ .02
3	1,995.781.15	+ 65.75	— 1.02	+ .02
4	1,995.846.91	+ 64.73	— 1.01	+ .02

p	$Q(p)$	Δ_1	Δ_2	Δ_3
4,25	1,995.911.63	+ 63.72	— .99	+ 0.2
6	1,995.975.35	+ 62.72	— .98	+ .02
7	1,996.038.08	+ 61.75	— .96	+ .01
8	1,996.099.82	+ 60.79	— .95	+ .01
9	1,996.160.61	+ 59.84	— .93	+ .01
4,30	1,996.220.45	+ 58.91	— .92	+ .01
1	1,996.279.35	+ 57.99	— .90	+ .01
2	1,996.337.34	+ 57.08	— .89	+ .01
3	1,996.394.42	+ 56.19	— .88	+ .01
4	1,996.450.62	+ 55.32	— .86	+ .01
4,35	1,996.505.93	+ 54.46	— .85	+ .01
6	1,996.560.39	+ 53.61	— .84	+ .01
7	1,996.614.00	+ 52.77	— .82	+ .01
8	1,996.666.77	+ 51.95	— .81	+ .01
9	1,996.718.72	+ 51.14	— .80	+ .01
4,40	1,996.769.86	+ 50.34	— .78	+ ,01
1	1,996.820.20	+ 49.56	— .77	+ .01
2	1,996.869.76	+ 48.79	— .76	+ .01
3	1,996.818.54	+ 48.03	— .75	+ .01
4	1,996.966.57	+ 47.28	— .74	+ .01
4.45	1,997.013.84	+ 46.54	— .73	+ .01
6	1,997.060.38	+ 45.81	— .71	+ .01
7	1,997.106.20	+ 45.10	— .70	+ .01
8	1,997.151.30	+ 44.40	— .69	+ .01
9	1,997.195.70	+ 43.71	— .68	+ .01
4,50	1,997.239.40	+ 43.02	— 67	+ .01
1	1,997.282.43	+ 42.36	— .66	+ .01
2	1,997.324.78	+ 41.69	— .65	+ .01
3	1,997.366.47	+ 41.04	— .64	+ .01
4	1,997.407.52	+ 40.40	— .63	+ .01
4,55	1,997.447.92	+ 39.77	— .62	+ .01
6	1,997.487.70	+ 39.15	— .61	+ .01
7	1,997.526.85	+ 38.54	— .60	+ .01
8	1.997.565.40	+ 37.94	— .59	+ .01
9	1,997.603.34	+ 37.35	— .58	+ .01
4,60	1,997.640.69	+ 36.77	— .57	+ .01
1	1,997.677.46	+ 36.20	— .56	+ .01
2	1,997.713.66	+ 35.63	— .56	+ .01
3	1,997.749.29	+ 35.08	— .55	+ .01
4	1,997.784.37	+ 34.53	— .54	+ .01
4,65	1,997.818.90	+ 33.99	— .53	+ .01
6	1,997.852.90	+ 33.46	— .52	+ .01

p	$Q(p)$	Δ_1	Δ_2	Δ_3
4,67	1,997.886.36	+ 32.94	— .51	+ .01
8	1,997.919.30	+ 32.43	— .51	+ .01
9	1,997.951.73	+ 31.92	— .50	+ .01
4,70	1,997.983.65	+ 31.43	— .49	+ .01
1	1,998.015.08	+ 30.94	— .48	+ .01
2	1,998.046.01	+ 30.45	— .47	+ .01
3	1,998.076.47	+ 29.98	— .47	+ .01
4	1,998.106.44	+ 29.51	— .46	+ .01
4,75	1,998.135.96	+ 29.05	— .45	+ .01
6	1,998.165.01	+ 28.60	— .45	+ .01
7	1,998.193.61	+ 28.15	— .44	+ .01
8	1,998.221.76	+ 27.71	— .43	+ .01
9	1,998.249.47	+ 27.28	— .43	+ .01
4,80	1,998.276.76	+ 26.86	— .42	+ .01
1	1,998.303.61	+ 26.44	— .41	+ .01
2	1,998.330.05	+ .26.03	— .41	+ .01
3	1,998.356.08	+ 25.62	— .40	+ .01
4	1,998.381.70	+ 25.22	— .39	+ .01
4,85	1,998.406.92	+ 24.83	— .39	+ .01
6	1,998.431.75	+ 24.44	— .38	+ .01
7	1,998.456.19	+ 24.06	— .37	+ .01
8	1,998.480.25	+ 23.69	— .37	+ .01
9	1,998.503.94	+ 23.32	— .36	+ .01
4,90	1,998.527.25	+ 22.95	— .36	+ .01
1	1,998.550.21	+ 22.60	— .35	+ .01
2	1,998.572.80	+ 22.24	— .35	+ .01
3	1,998.595.04	+ 21.90	— .34	+ .01
4	1,998.616.94	+ 21.56	— .34	+ .01
4,95	1,998.638.50	+ 21.22	— .33	+ .01
6	1,998.659.72	+ 20.89	— .33	+ .01
7	1,998.680.60	+ 20.56	— .32	+ .00
8	1,998.701.17	+ 20.24	— .32	
9	1,998.721.41	+ 19.93	— .31	
5,00	1,998.741.34	+ 19.62	— .31	
1	1,998.760.95	+ 19.31	— .30	
2	1,998.780.26	+ 19.01	— .30	
3	1,998.799.27	+ 18.71	— .29	
4	1,998.817.99	+ 18.42	— .29	
5,05	1,998.836.41	+ 18.13	— .28	
6	1,998.854.55	+ 17.85	— .28	
7	1,998.872.40	+ 17.57	— .27	
8	1,998.889.97	+ 17.30	— .27	
9	1,998.907.27	+ 17.03	— .27	

p	$Q(p)$	Δ_1	Δ_2	Δ_3
5,10	1,998.924.30	+ 16.77	— .26	
1	1,998.941.07	+ 16.50	— .26	
2	1.998.957.57	+ 16.25	— .25	
3	1,998.973.82	+ 15.99	— .25	
4	1,998.989.81	+ 15.74	— .25	
5,15	1,999.005.55	+ 15.50	— .24	
6	1,999.021.05	+ 15.26	— .24	
7	1,999.036.31	+ 15.02	— .23	
8	1,999.051.33	+ 14.79	— .23	
9	1,999.066.11	+ 14.55	— .23	
5,20	1,999.080.67	+ 14.33	— .22	
1	1,999.095.00	+ 14.10	— .22	
2	1,999.109.10	+ 13.88	— .22	
3	1,999.122.99	+ 13.67	— .21	
4	1,999.136.66	+ 13.46	— .21	
5,25	1,999.150.11	+ 13.25	— .21	
6	1,999.163.36	+ 13.04	— .20	
7	1,999.176.40	+ 12.84	— .20	
8	1,999.189.23	+ 12.64	— .20	
9	1,999.201.87	+ 12.44	— .19	
5,30	1,999.214.31	+ 12.25	— .19	
1	1,999.226.55	+ 12.05	— .19	
2	1,999.238.61	+ 11.87	— .18	
3	1,999.250.47	+ 11.68	— .18	
4	1,999.262.15	+ 11.50	— .18	
5,35	1,999.273.65	+ 11.32	— .18	
6	1,999.284.97	+ 11.14	— .17	
7	1,999.296.12	+ 10.97	— .17	
8	1,999.307.09	+ 10.80	— .17	
9	1,999.317.89	+ 10.63	— .17	
5,40	1,999.328.52	+ 10.47	— .16	
1	1,999.338.98	+ 10.30	— .16	
2	1,999.349.29	+ 10.14	— .16	
3	1,999.359.43	+ 9.98	— .16	
4	1,999.369.41	+ 9.83	— .15	
5,45	1,999.379.24	+ 9.67	— .15	
6	1,999.388.91	+ 9.52	— .15	
7	1,999.398.44	+ 9.38	— .15	
8	1,999.407.81	+ 9.23	— .14	
9	1,999.417.04	+ 9,09	— .14	
5,50	1,999.426.13	+ 8.94	— .14	
1	1,999.435.07	+ 8.80	— .14	

p	$Q(p)$	Δ_1	Δ_2	Δ_3
5,52	1,999.443.88	+ 8.67	— .14	
3	1,999.452.54	+ 8.53	— .13	
4	1,999.461.08	+ 8.40	— .13	
5,55	1,999.469.48	+ 8.27	— .13	
6	1,999.477.75	+ 8.14	— .13	
7	1,999.485.89	+ 8.01	— .13	
8	1,999.493.90	+ 7.89	— .12	
9	1,999.501.79	+ 7.76	— .12	
5,60	1,999.509.55	+ 7.64	— .12	
1	1,999.517.19	+ 7.52	— .12	
2	1,999.524.72	+ 7.41	— .12	
3	1,999.532.12	+ 7.29	— .11	
4	1,999.539.42	+ 7.18	— .11	
5,65	1,999.546.59	+ 7.07	— .11	
6	1,999.553.66	+ 6.96	— .11	
7	1,999.560.62	+ 6.85	— .11	
8	1,999.567.46	+ 6.74	— .11	
9	1,999.574.21	+ 6.64	— .10	
5,70	1,999.580.84	+ 6.53	— .10	
1	1,999.587.37	+ 6.43	— .10	
2	1,999.593.81	+ 6.33	— .10	
3	1,999.600.14	+ 6.23	— .10	
4	1,999.606.37	+ 6.13	— .10	
5,75	1,999.612.50	+ 6.04	— .09	
6	1,999.618.54	+ 5.95	— .09	
7	1,999.624.49	+ 5.85	— .09	
8	1,999.630.34	+ 5.76	— .09	
9	1,999.636.10	+ 5.67	— .09	
5,80	1,999.641.77	+ 5.58	— .09	
1	1,999.647.36	+ 5.50	— .09	
2	1,999.652.85	+ 5.41	— .08	
3	1,999.658.26	+ 5.33	— .08	
4	1,999.663.59	+ 5.24	— .08	
5,85	1,999.668.83	+ 5.16	— .08	
6	1,999.673.99	+ 5.08	— .08	
7	1,999.679.07	+ 5.00	— .08	
8	1,999.684.08	+ 4.92	— .08	
9	1,999.689.00	+ 4.85	— .08	
5,90	1,999.693.85	+ 4.77	— .07	
1	1,999.698.62	+ 4.70	— .07	
2	1,999.703.31	+ 4.62	— .07	
3	1,999.707.94	+ 4.55	— .07	
4	1,999.712.49	+ 4.48	— .07	

p	$Q(p)$	Δ_1	Δ_2	Δ_3
5,95	1,999.716.97	+ 4.41	— .07	
6	1,999.721.38	+ 4.34	— .07	
7	1,999.725.72	+ 4.27	— .07	
8	1,999.730.00	+ 4.21	— .07	
9	1,999.734.21	+ 4.14	— .06	
6,0	1,999.738.35	+ 38.03	— 5.53	+ .80
1	1,999.776.38	+ 32.51	— 4.73	+ .69
2	1,999.808.89	+ 27.78	— 4.04	+ .59
3	1,999.836.67	+ 23.74	— 3.45	+ .50
4	1,999.860.41	+ 20.29	— 2.95	+ .43
6,5	1,999.880.70	+ 17.34	— 2.52	+ .37
6	1,999.898.05	+ 14.82	— 2.15	+ .31
7	1,999.912.87	+ 12.67	— 1.84	+ .27
8	1,999.925.53	+ 10.83	— 1.57	+ .23
9	1,999.936.36	+ 9.25	— 1.35	+ .20
7,0	1,999.945.61	+ 7.91	— 1.15	+ .17
1	1,999.953.51	+ 6.76	— .98	+ .14
2	1,999.960.27	+ 5.78	— .84	+ .12
3	1,999.966.05	+ 4.94	— .72	+ .10
4	1,999.970.98	+ 4.22	— .61	+ .09
7,5	1,999.975.20	+ 3.60	— .52	+ .08
6	1,999.978.81	+ 3.08	— .45	+ .07
7	1,999.981.89	+ 2,63	— .38	+ .06
8	1,999.984.52	+ 2.25	— .33	+ .05
9	1,999.986.77	+ 1.92	— .28	+ .04
8,0	1,999.988.69	+ 1.64	— .24	+ .03
1	1,999.990.34	+ 1.40	— .20	+ .03
2	1,999.991.74	+ 1.20	— .17	+ .03
3	1,999.992.94	+ 1.03	— .15	+ .02
4	1,999.993.97	+ .88	— .13	+ .02
8,5	1,999.994.84	+ .75	— .11	+ .02
6	1,999.995.59	+ .64	— .09	+ .01
7	1,999.996.23	+ .55	— .08	+ .01
8	1,999.996.78	+ .47	— .07	+ .01
9	1,999.997.25	+ .40	— .06	+ .01
9,0	1,999.997.65	+ .34	— .05	+ .01
1	1,999.997.99	+ .29	— .04	+ .01
2	1,999.998.28	+ .25	— .04	+ .01
3	1,999.998.53	+ .21	— .03	
4	1,999.998.75	+ .18	— .03	
9,5	1,999.998.93	+ .16	— .02	
6	1,999.999.08	+ .13	— .02	

p	$Q(p)$	Δ_1	Δ_2	Δ_3
9,7	1,999.999.22	+ .11	— .02	
8	1,999.999.33	+ .10	— .01	
9	1,999.999.43	+ .08	— .01	
10,0	1,999.999.51	+ .07	— .01	
1	1,999.999.58	+ .06	— .01	
2	1,999.999.64	+ .05	— .01	
3	1,999.999.70	+ .04	— .01	
4	1,999.999.74	+ .04	— .01	
10.5	1,999.999.78	+ .03		
6	1,999.999.81	+ .03		
7	1,999.999.84	+ .02		
8	1,999.999.86	+ .02		
9	1,999.999.88	+ .02		
11,0	1,999.999.90	+ .01		
1	1,999.999.91	+ .01		
2	1,999.999.93	+ .01		
3	1,999.999.94	+ .01		
4	1,999.999.95	+ .01		
11,5	1,999.999.95	+ .01		
6	1,999.999.96	+ .01		
7	1,999.999.97			
8	1,999.999.97			
9	1,999.999.98			
12,0	1,999.999.979.			
1	1,999.999.982.			
2	1,999.999.985.			
3	1,999.999.987			
4	1,999.999.989.			
12,5	1,999.999.990.			
6	1,999.999.992.			
7	1,999.999.993.			
8	1,999.999.994.			
9	1,999.999.995.			
13,0	1,999.999.996.			
1	1,999.999.996.			
2	1,999.999.997.			
3	1,999.999.997.			
4	1,999.999.998.			
13,5	1,999.999.998.			
6	1,999.999.999.			
7	1,999.999.999.			
8	1,999.999.999.			
9	1,999.999.999.			

Zu Beispiel 1 ((23) ff.)

Zahlentafel 9

ⓨ	$s_{44} = 0{,}000.061.o$ | $s_{55} = 0{,}000.215.o$ | $s_{66} = 0{,}000.092.9o$	
	$\neq$ min (Abb. 3, oben)	min (Abb. 3, unten)
$c_y/a_y =$	0,9o (23)	1,234.078.935.7 (26)
$p_y =$	0,729.288.844. (5), (23)	1,o (19)
$1/p_y =$	1,371.198.818.	1,o $(16)_{\mathrm{I}}$
$R(p_y) =$	0,996.540.009.7	1,o $(16)_{\mathrm{II}}$
$Q(p_y) =$	1,051.514.06	1,350.628.966.627 (73)
$Q(1/p_y) =$	1,628.218.73	1,350.628.966.627 (73)
$V_x =$	0,000.043.245.242. (14), (77)	0,000.041.319.348. (22)
$\frac{\varphi_y^0}{L_y} = \frac{180^0}{\pi} V_y N_y =$ Grad/cm	$(N_y \cdot 0{,}002.477.770.)^0 = (N_y \cdot 8{,}920)''$	$(N_y \cdot 0{,}002.367.424.)^0 = (N_y \cdot 8{,}523.)''$
in M_1: $-Y_z =$	$-N_y \cdot 0{,}745.458.7$ | k. (69), (78)	$-N_y \cdot 0{,}781.285.0$ | l. (84)
in M_3: $-Y_x =$	$+N_y \cdot 0{,}682.146.8$ | l. (70), (79)	$+N_y \cdot 0{,}632.091.6$ | k. (85)
in M_1: $-y_z =$	$-\left(\frac{\pi}{2} - \vartheta_x\right) = s_{44} Y_z$ | k. (80) $= +N_y \cdot 0{,}000.045.473.$ $\vartheta_x^0 = 90^0 + (N_y \cdot 9{,}379.)''$	$-\left(\frac{\pi}{2} - \vartheta_x\right) = s_{44} Y_z$ | l. (86) $= +N_y \cdot 0{,}000.047.658.$ $\vartheta_x^0 = 90^0 + (N_y \cdot 9{,}830.)''$
in M_3: $-y_x =$	$-\left(\frac{\pi}{2} - \vartheta_z\right) = s_{66} Y_x$ | l. (81) $= -N_y \cdot 0{,}000.063.371.$ $\vartheta_z^0 = 90^0 - (N_y \cdot 13{,}071.)''$	$-\left(\frac{\pi}{2} - \vartheta_z\right) = s_{66} Y_x$ | k. (87) $= -N_y \cdot 0{,}000.058.814.$ $\vartheta_z^0 = 90^0 - (N_y \cdot 12{,}131.)''$
$Y_z/Y_x =$	$-1{,}093.$ (82)	$-1{,}234.$ (88)
$y_z/y_x =$	$-0{,}718.$ (83)	$-0{,}810.$ (89)
$V_y/V_{y\min} =$	1,047. (95)	

Zahlentafel 10

Zu Beispiel 1 ((23) ff.)

ⓩ	$s_{44} = 0{,}000.061.0$	$s_{55} = 0{,}000.215.0$	$s_{66} = 0{,}000.092.90$	
	$\mp$ min (Abb. 3, oben)		min (Abb. 3, unten)	
$a_z/b_z =$	0,70	(23)	0,532.654.606.9	(26)
$p_z =$	1,314.172.432.	(5), (23)	1,0	(19)
$1/p_z =$	0,760.935.153.		1,0	$(16)_{I}$
$R(p_z) =$	0,997.407.223.6		1,0	$(16)_{II}$
$Q(p_z) =$	1,594.312.05		1,350.628.966.627.	(73)
$Q(1/p_z) =$	1,090.814.37		1,350.628.966.627.	(73)
V_z	0,000.051.851.540.	(14), (77)	0,000.041.319.348.	(22)
$\frac{\varphi_z^0}{L_z} = \frac{180^0}{\pi} V_z N_z =$ Grad/cm	$(N_z \cdot 0{,}002.970.874.)^0$ $= (N_z \cdot 10{,}695.)''$		$(N_z \cdot 0{,}002.367.424.)^0$ $= N_z \cdot 8{,}523.)''$	
in M_2: $-Z_x =$	$-N_z \cdot 0{,}461.453.6$	k. (69), (78)	$-N_z \cdot 0{,}433.045.8$	k. (84)
in M_1: $-Z_y =$	$+N_z \cdot 0{,}778.954.7$	l. (70), (79)	$+N_z \cdot 0{,}812.995.5$	l. (85)
in M_2: $-z_x =$	$-\left(\frac{\pi}{2} - \vartheta_y\right) = s_{55} Z_x$ $= +N_z \cdot 0{,}000.099.213.$ $\vartheta_y^0 = 90^0 + (N_z \cdot 20{,}464.)''$	k. (80)	$-\left(\frac{\pi}{2} - \vartheta_y\right) = s_{55} Z_x$ $= +N_z \cdot 0{,}000.093.105.$ $\vartheta_y^0 = 90^0 + (N_z \cdot 19{,}204.)''$	k. (86)
in M_1: $-z_y =$	$-\left(\frac{\pi}{2} - \vartheta_x\right) = s_{44} Z_y$ $= -N_z \cdot 0{,}000.047.516.$ $\vartheta_x^0 = 90^0 - (N_z \cdot 9{,}801.)''$	l. (81)	$-\left(\frac{\pi}{2} - \vartheta_x\right) = s_{44} Z_y$ $= -N_z \cdot 0{,}000.049.593.$ $\vartheta_x^0 = 90^0 - (N_z \cdot 10{,}229.)''$	l. (87)
$Z_x/Z_y =$	$-0{,}592.$	(82)	$-0{,}533.$	(88)
$z_x/z_y =$	$-2{,}088.$	(83)	$-1{,}877.$	(89)
$V_z/V_{z\min} =$	1,035.			(95)

Zu Beispiel 2 ((27) ff.)

Zahlentafel 11

ⓧ	$s_{44} = 0{,}000.164.1o$ | $s_{55} = 0{,}003.459.o$	| $s_{66} = 0{,}000.106.26o.$
	$\neq$ min (Abb. 4, oben)	min (Abb. 4, unten)
b_x/c_x =	1,333 . . . (27)	5,705.456.193.8 (20), (36)
p_x =	0,233.694.430. (5), (27)	1,o (19)
$1/p_x$ =	4,279.092.145.	1,o $(16)_{\text{I}}$
$R(p_x)$ =	0,937.926.106.3	1,o $(16)_{\text{II}}$
$Q(p_x)$ =	0,347.013.51	1,350.628.966.627. (73)
$Q(1/p_x)$ =	1,996.094.26	1,350.628.966.627. (73)
V_x =	0,000.489.059.612. (14), (77)	0,000.231.088.527. (22)
$\frac{\varphi_x^0}{L_x} = \frac{180^0}{\pi} V_x N_x =$ Grad/cm	$(N_x \cdot 0{,}028.021.052.)^0$ $= (N_x \cdot 100{,}876.)''$	$(N_x \cdot 0{,}013.240.397.)^0$ $= (N_x \cdot 47{,}665.)''$
in M_3: $-X_y$ =	$- N_x \cdot 1{,}437.410.7$ | l. (69), (78)	$- N_x \cdot 1{,}277.942.5$ | l. (84)
in M_2: $-X_z$ =	$+ N_x \cdot 0{,}338.667.5$ | k. (70), (79)	$+ N_x \cdot 0{,}223.986.0$ | k. (85)
in M_3: $-x_y$ =	$-\left(\frac{\pi}{2} - \vartheta_z\right) = s_{66} X_y$ | l. (80) $= + N_x \cdot 0{,}000.152.739.$ $\vartheta_z^0 = 90^0 + (N_x \cdot 31{,}505.)''$	$-\left(\frac{\pi}{2} - \vartheta_z\right) = s_{66} X_y$ | l. (86) $= + N_x \cdot 0{,}000.135.794.$ $\vartheta_z^0 = 90^0 + (N_x \cdot 28{,}010.)''$
in M_2: $-x_z$ =	$-\left(\frac{\pi}{2} - \vartheta_y\right) = s_{55} X_z$ | k. (81) $= - N_x \cdot 0{,}001.171.451.$ $\vartheta_y^0 = 90^0 - (N_x \cdot 241{,}629.)''$	$-\left(\frac{\pi}{2} - \vartheta_y\right) = s_{55} X_z$ | k. (87) $= - N_x \cdot 0{,}000.774.768.$ $\vartheta_y^0 = 90^0 - (N_x \cdot 159{,}807.)''$
X_y/X_z =	− 4,244. (82)	− 5,705. (88)
x_y/x_z =	− 0,130. (83)	− 0,175. (89)
$V_x/V_{x\,\text{min}}$ =	2,116. (95)	
	A Querschnitt „$\neq$ min“ Isotrop	*B* Querschnitt „min“
p_x =	1,333 . . . (90)	5,705.456.193.8 (90)
$1/p_x$ =	0,750.	0,175.270.082.
$R(p_x)$ =	0,997.125.648.4	0,919.944.249.
$Q(p_x)$ =	1,606.019.07	1,999.584.32
$Q(1/p_x)$ =	1,077.356.48	0,260.259.85
in M_3: $-X_y$ =	$- N_x \cdot 0{,}572.256.6$ l. (78)	$- N_x \cdot 0{,}896.989.0$ l. (78)
in M_2: $-X_z$ =	$+ N_x \cdot 0{,}511.843.9$ k. (79)	$+ N_x \cdot 0{,}666.108.5$ k. (79)
$X_y/X_z = x_y/x_z$ =	− 1,118.	− 1,347. (92)
V_{xA}/V_{xB} =	0,384. (91)	

Zu Beispiel 2 ((27) ff.)

Zahlentafel 12

Ⓨ	$s_{44} = 0{,}000.164.1o$ | $s_{55} = 0{,}003.459.o$ | $s_{66} = 0{,}000.106.26o$.			
	≠ min (Abb. 4, oben)		min (Abb. 4, unten)	
c_y/a_y	1,583.258.064.5	(27)	0,804.693.726.1	(20), (36)
p_y =	1,904.150.629.	(5), (27)	1,o	(19)
$1/p_y$ =	0,525.168.537.		1,o	$(16)_{\mathrm{I}}$
$R(p_y)$ =	0,985.762.139.5		1,o	$(16)_{\mathrm{II}}$
$Q(p_y)$ =	1,837.486.75		1,350.628.966.627.	(73)
$Q(1/p_y)$ =	0,775.450.46		1,350.628.966.627.	(73)
V_y =	0,000.012.664.296.	(14), (77)	0,000.010.576.801.	(22)
$\frac{\varphi_y^0}{L_y} = \frac{180^0}{\pi} V_y N_y =$ Grad/cm	$(N_y \cdot 0{,}000.725.611.)^0$ $= (N_y \cdot 2{,}612.)''$		$(N_y \cdot 0{,}000.606.007.)^0$ $= (N_y \cdot 2{,}182.)''$	
in M_1: $-Y_z$ = in M_3: $-Y_x$ =	$-N_y \cdot 0{,}175.840.3$ $+N_y \cdot 0{,}175.618.1$	l. (69), (78) k. (70), (79)	$-N_y \cdot 0{,}148.954.7$ $+N_y \cdot 0{,}185.107.3$	k. (84) l. (85)
in M_1: $-y_z$ =	$-\left(\frac{\pi}{2} - \vartheta_x\right) = s_{44} Y_z$ $= +N_y \cdot 0{,}000.028.855.$ $\vartheta_x^0 = 90^0 + (N_y \cdot 5.952.)''$	l. (80)	$-\left(\frac{\pi}{2} - \vartheta_x\right) = s_{44} Y_z$ $= +N_x \cdot 0{,}000.024.443.$ $\vartheta_x^0 = 90^0 + (N_y \cdot 5{,}042.)''$	k. (86)
in M_3: $-y_x$ =	$-\left(\frac{\pi}{2} - \vartheta_z\right) = s_{66} Y_x$ $= -N_y \cdot 0{,}000.018.661.$ $\vartheta_z^0 = 90^0 - (N_y \cdot 3{,}849.)''$	k. (81)	$-\left(\frac{\pi}{2} - \vartheta_z\right) = s_{66} Y_x$ $= -N_y \cdot 0{,}000.019.670.$ $\vartheta_z^0 = 90^0 - (N_y \cdot 4{,}057.).''$	l. (87)
Y_z/Y_x =	$-1{,}001.$	(82)	$-0{,}805.$	(88)
y_z/y_x =	$-1{,}546.$	(83)	$-1{,}243.$	(89)
$V/_yV_{y\min}$ =	1,197.			(95)
	A Querschnitt „≠ min“	Isotrop	*B* Querschnitt „min“	
p_y =	1,583.258.065.	(90)	0,804.693.726.	(90)
$1/p_y$ =	0,652.631.579.		1,242.708.831.	
$R(p_y)$ =	0,993.690.525.1		0,998.359.117.5	
$Q(p_y)$ =	1,709.967.97		1,143.340.81	
$Q(1/p_y)$ =	0,952.059.19		1,547.707.43	
in M_1: $-Y_z$ = in M_3: $-Y_x$ =	$-N_y \cdot 0{,}184.363.7$ $+N_y \cdot 0{,}157.283.6$	l. (78) k. (79)	$-N_y \cdot 0{,}160.148.6$ $+N_y \cdot 0{,}174.448.4$	k. (78) l. (79)
$Y_z/Y_x = y_z/y_x$ =	$-1{,}172.$	(92)	$-0{,}918.$	(92)
V_{yA}/V_{yB} =	1,062.			(91)

Zu Beispiel 2 ((27)ff.)

Zahlentafel 13

ⓩ	$s_{44} = 0{,}000.164.1\text{o}$ — $s_{55} = 0{,}003.459.\text{o}$ — $s_{66} = 0{,}000.106.26\text{o}$.			
	‡ min (Abb. 4, oben)		min (Abb. 4, unten)	
$a_z/b_z =$	0,625.	(27)	0,217.810.599.1	(20), (36)
$p_z =$	2,869.465.502.	(5), (27)	1,o	(19)
$1/p_z =$	0,348.496.958.		1,o	$(16)_{I}$
$R(p_z) =$	0,963.742.269.8		1,o	$(16)_{II}$
$Q(p_z) =$	1,964.424.90		1,350.628.966.627.	(73)
$Q(1/p_z) =$	0,517.348.35		1,350.628.966.627.	(73)
V_z	0,000.138.578.690.	(14), (77)	0,000.089.368.520.	(22)
$\frac{\varphi_z^0}{L_z} = \frac{180^0}{\pi} V_z N_z =$ Grad/cm	$(N_z \cdot 007.939.974.)^0$ $= (N_z \cdot 28{,}584.)''$		$(N_z \cdot 0{,}005.120.439.)^0$ $= (N_z \cdot 18{,}434.)''$	
in M_2: $-Z_x =$	$-N_z \cdot 0{,}138.514.1$	k. (69), (78)	$-N_z \cdot 0{,}104.035.9$	k. (84)
in M_1: $-Z_y =$	$+N_z \cdot 0{,}480.577.7$	l. (70), (79)	$+N_z \cdot 0{,}477.643.8$	l. (85)
in M_2: $-z_x =$	$-\left(\frac{\pi}{2} - \vartheta_y\right) = s_{55} Z_x$ $= +N_z \cdot 0{,}000.479.120.$ $\vartheta_y^0 = 90^0 + (N_z \cdot 98{,}826.)''$	k. (80)	$-\left(\frac{\pi}{2} - \vartheta_y\right) = s_{55} Z_x$ $= +N_z \cdot 0{,}000.359.860.$ $\vartheta_y^0 = 90^0 + (N_z \cdot 74{,}226.)''$	k. (86)
in M_1: $-z_y =$	$-\left(\frac{\pi}{2} - \vartheta_x\right) = s_{44} Z_y$ $= -N_z \cdot 0{,}000.078.863.$ $\vartheta_x^0 = 90^0 - (N_z \cdot 16{,}267.)''$	l. (81)	$-\left(\frac{\pi}{2} - \vartheta_x\right) = s_{44} Z_y$ $= -N_z \cdot 0{,}000.078.381.$ $\vartheta_x^0 = 90^0 - (N_z \cdot 16{,}167.)''$	l. (87)
$Z_x/Z_y =$	— 0,288.	(82)	— 0,218.	(88)
$z_x/z_y =$	— 6,075.	(83)	— 4,591.	(89)
$V_z/V_{z\min} =$	1,552.			(95)
	A Querschnitt „‡ min“	Isotrop	*B* Querschnitt „min“	
$p_z =$	0,625.o	(90)	0,217.810.599.	(90)
$1/p_z =$	1,6o		4,591.144.803.	
$R(p_z) =$	0,992.355.691.5		0,933.390.320.	
$Q(p_z) =$	0,914.854.33		0,323.428.21	
$Q(1/p_z) =$	1,738.887.17		1,997.607.64	
in M_2: $-Z_x =$	$-N_z \cdot 0{,}210.856.5$	k. (78)	$-N_z \cdot 0{,}256.702.5$	k. (78)
in M_1: $-Z_y =$	$+N_z \cdot 0{,}250.487.7$	l. (79)	$+N_z \cdot 0{,}345.335.6$	l. (79)
$Z_x/Z_y = z_x/z_y =$	— 0,842.	(92)	— 0,743.	(92)
$V_{zA}/V_{zB} =$	0,462.			(91)